U0156741

朝鲜族传统食品生产技术

主　编　李范洙　金　铁金　清

参编人员（按姓氏笔画为序）

李红梅　李范洙　金　铁金　清　崔泰花

延吉·延边大学出版社

图书在版编目（CIP）数据

朝鲜族传统食品生产技术 / 李范洙，金铁，金清主编. -- 延吉：延边大学出版社，2023.9
ISBN 978-7-230-05465-2

Ⅰ. ①朝… Ⅱ. ①李… ②金… ③金… Ⅲ. ①朝鲜族－食品加工－教材 Ⅳ. ①TS205

中国国家版本馆 CIP 数据核字(2023)第 177893 号

朝鲜族传统食品生产技术

主　　编：李范洙　金　铁　金　清
责任编辑：李　真
封面设计：文合文化
出版发行：延边大学出版社
地　　址：吉林省延吉市公园路977号　　　邮　编：133002
网　　址：http://www.ydcbs.com　　　　E-mail：ydcbs@ydcbs.com
电　　话：0433-2732435　　　　　　　传　真：0433-2732434
印　　刷：三河市龙大印装有限公司
开　　本：787毫米×1092毫米　1/16
印　　张：11.25
字　　数：200千字
版　　次：2024年1月第1版
印　　次：2024年1月第1次印刷
书　　号：ISBN 978-7-230-05465-2

定　　价：56.00 元

前　言

　　民族传统食品是中华民族世世代代积累下来的饮食文化的结晶，是中华民族饮食文化的重要组成部分，其具有丰富的民族传统文化特色的内涵，具有极高的历史文化价值。因此，人们应该珍惜民族饮食文化，保护和发扬传统食品。但是随着现代食品市场的飞速发展，食品种类丰富，各种各样的现代食品占满了食品市场，如各种方便食品、休闲食品、保健食品、功能食品等，食品市场竞争日益激烈；而传统食品由于长期受到传统的工艺生产及产品本身的限制，还没有适应竞争，其发展受到严峻的挑战。尽快使我国民族传统食品突破传统模式的困境，实现观念创新、市场创新和产品创新，进而实现民族传统食品生产的工业化、现代化迫在眉睫。

　　为了回答上述问题，编者编写了《朝鲜族传统食品生产技术》一书。《朝鲜族传统食品生产技术》作为食品科学与工程专业特色课程教材，系统阐述了朝鲜族传统食品的原料、加工原理及加工技术、营养保健作用、工厂化生产及产业化发展前景等内容。希望本书对民族食品学交叉学科建设有一定的帮助。

目　录

第一章　朝鲜族传统食品及其饮食文化

第一节　传统食品及朝鲜族传统食品学

一、传统食品的概念及其属性

（一）传统食品的含义

传统食品（traditional food）是由"传统"和"食品"两个词组合而成的复合词，目前并没有统一的定义。人们可以通过辞书中对"传统"和"食品"的定义来对"传统食品"加以定义，如《现代汉语词典》（第7版）将"传统"解释为"世代相传、具有特点的社会因素，如文化、道德、思想、制度等"。我国国家标准《食品工业基本术语》（GBT15091-1994）将"食品"定义为"可供人类食用或饮用的物质，包括加工食品，半成品和未加工食品，不包括烟草或只作药品用的物质"。《中华人民共和国食品卫生法》（2015年修订）将食品定义为"各种供人食用或者饮用的成品和原料以及按照传统既是食品又是药品的物品，但是不包括以治疗为目的的物品"。根据以上对"传统"和"食品"的定义，可以将"传统食品"定义为：一个民族（家族或群体）世代保存和传承，并食用或饮用的食品总称，包括成品、半成品和原料。

（二）传统食品的属性

传统食品作为传统饮食文化的组成部分，具有以下几个方面的属性：

1.民族性

民族性主要体现在传统的食物摄取、食品原料的烹制技法和食品的风味特色以及不同的饮食习惯和饮食礼仪、饮食禁忌等,它能直接反映整个民族的心理共性。不同的民族、不同的环境形成不同的文化观念,直接或间接地影响到他们的饮食特征。

2.地域性

一个民族或群体长期居住在一个特定的地理环境和自然环境,常常利用当地生产或者特产的食物为原料制作食品,所以在食品的种类、加工方法、饮食生活方式、饮食习惯和风俗等方面形成了地方特色。

3.继承性

一个民族共同体在一个区域内形成自己独特的饮食文化特征,需要漫长的历史过程。在落后的社会生产力条件下,自给自足的自然经济具有极强的封闭性,为了对抗恶劣的自然环境,形成了独具特色的饮食文化。传统饮食作为传统饮食文化的组成部分,其原料品种及其生产、加工,基本食品的种类、烹制方法,饮食习惯等一代代传承下来,从而传统食品具有继承性属性。

4.营养性

传统食品不仅具有色、香、味、形,还有丰富的营养保健功能。首先,在生产力水平较低的时代,大多数人要从事体力劳动,需要强壮的体魄,而饮食是人们主要的营养来源。其次,在医疗保健系统尚不完善的时候,大多数人要保持健康,主要靠饮食。最后,传统食品的原材料来自大自然,无污染,且有很多食用的功能。

5.大众性

一个地区的传统食品不仅受当地人喜爱,而且也受其他地区的人所喜爱。首先,传统食品具有独特的地方风味,食物的原料是当地盛产或者特产,当地人常常食用,因此具有普遍性。其次,传统食品具有文化的内涵,在家族之间、地区之间或民族之间容易传播和融合。最后,传统食品较为美味,很容易被人们接受。

(三) 传统食品的研究范围及其内容界定

传统食品不仅要符合现代人的饮食理念和饮食生活的需要,还要符合"现代食品"的品质及卫生标准。学界对传统食品的研究范围和内容界定有以下几点:

一是研究食品生产与流通过程中一系列的科学问题和技术。引入现代食品加工技术,研究"从田间地头到餐桌"全过程的食物原料开发（发掘、研制、培育），生产（种植、养殖），食品加工制作（家庭饮食、酒店、饭馆餐饮、工厂生产），食料与食品保鲜、安全贮藏，饮食器具制作，食品生产管理与组织（食品卫生法、食品品质标准、HACCP管理体系）等方面的科学问题和技术。

二是研究饮食生活。包括食品原料及食品获取（如购买食料、食品），食品原料及食品流通，食品的制作（如家庭饮食烹调），食物消费（进食）等过程中，饮食社会活动与饮食礼仪，社会对食品生活管理与组织等问题。

三是研究饮食事项。包括人类饮食事项或与之相关的各种行为、现象。

四是研究饮食思想。人们对食的认识、知识、观念、理论。

五是研究饮食习惯。包括习惯、风俗、传统等。

二、朝鲜族传统食品和朝鲜族传统食品学

（一）朝鲜族传统食品的概念

朝鲜族传统食品是指作为中华民族大家庭成员之一的朝鲜族人民在长期居住、共同生活的过程中，利用当地的食品原料加工而成的，具有独特民族风味和特性，并且为很多人所喜爱的食品。

（二）朝鲜族传统食品学的概念

朝鲜族传统食品学是研究朝鲜族传统食品的历史文化、岁时风俗、原料的科学性、加工原理及方法、保藏技术、卫生安全、品质管理、加工机械化和产业化的一门综合性学科。

三、朝鲜族传统食品的研究范围和研究内容

（一）研究对象和范围

朝鲜族传统食品以传统食品、民俗食品、地方特色食品为研究对象，研究这些食品的科学性和加工原理及技术。

广义上民俗食品就是传统食品，狭义上的民俗食品是人们为了祭祀祖先或为了过节而准备的食品。例如，汉族的饺子、元宵、月饼等，朝鲜族的打糕、五谷饭等。

朝鲜族地方特色食品是指一个家族或一个民族共同体在某一个地区长期居住，以当地（长白山地区）可食性动植物为主要原料，根据材料的特点和地方世俗和嗜好加工而成的食品，其具有浓厚的地方民族风味。

（二）朝鲜族传统食品的研究内容

1.食品原料的来源、化学组成、营养价值、保健功效等。

2.加工原理、工艺及方法、加工机械、贮藏、卫生安全性等。

3.饮食历史和风俗。

4.品质改良和产业化。

四、朝鲜族传统食品的研究目的及意义

（一）研究目的

朝鲜族传统食品的研究目的有以下几点：

1.了解朝鲜族传统食品的历史、风俗、加工及贮存方法。

2.通过研究认识传统食品产业化的必要性和发展前景，为朝鲜族传统食品从业者从事朝鲜族传统食品开发研究及生产管理奠定基础。

3.培养从业者珍惜、保存、发扬民族传统食品加工业的能力，树立研究和发展民族传统食品加工业的使命感和责任感。

（二）研究意义

研究朝鲜族传统食品有以下几点意义：

1.推动农业的发展。

2.推动机械制造业的发展。

3.民族食品学交叉学科的建设。

4.发扬朝鲜族传统食品的优良传统，促进民族食品的开发和利用，有利于地区经济的发展。

第二节　朝鲜族传统食品的分类及特点

一、朝鲜族传统食品的分类

（一）根据制造方法不同分类

根据制造方法的不同，朝鲜族传统食品可分为发酵食品、干燥食品、腌制食品和熏制食品等。

1.发酵食品

发酵食品指利用乳酸菌或酵母菌等微生物的发酵作用而制成的食品。传统发酵食品有馒头、酒、大酱类、酱油、食醋、泡菜类、酸奶、奶酪等。

2.干燥食品

干燥食品是通过脱水工艺加工而成的食品。传统的干燥食品是为了保存而进行的，有干菜、水果干、鱼干、肉干等。

3.腌制食品

腌制食品即利用食盐或盐水腌制而成的食品，有盐渍菜、盐渍肉、盐渍鱼等，是古老的传统食品。

4.熏制食品

熏制食品指通过点燃木片烟熏的工艺制成的食品,有熏鱼、熏肉、熏肠等,以其独特风味被人们所喜爱。

(二)根据原料不同分类

根据原料的不同朝鲜族食品可分为农产食品、畜产食品、水产食品和林产食品。

1.农产食品

农产食品是以人工生产的农作物料或以其为原料的加工制品的总称,其是供人们调理或直接食用的食品。

2.畜产食品

畜产食品是经人工养殖而得到的动物性产品及其加工制品的总称,其是供人们调理或直接食用的食品。

3.水产食品

水产食品是从河川、海水域捕捞或者人工养殖的鱼贝类及其加工制品。

4.林产食品

林产食品是依托森林、林木、林地等林业资源获得的可食用的植物、微生物及其初级产品。

(三)根据用途不同分类

根据用途的不同朝鲜族传统食品分为主食类和副食类食品。

1.主食类

(1)米饭类

米饭类食品是在谷物中加入适量的水,加盖焖煮,使米粒充分糊化而制成的食品。

(2)粥类

粥类食品是在谷物中加入大量的水,慢火煮烂,使米粒充分糊化,流体或半流体状的食品,其易于消化。

(3)面条类

面条类食品是一种用谷物的面粉或淀粉加水和成面团,通过压或擀等方法制成片,再通过切、压、搓、拉等方法制成条状（或窄或宽，或扁或圆），经煮、炒、烩、炸而制成的一种食品。

（4）糕点类

糕点类食品是以谷米或者米粉为主要原料，经蒸、煮、炸、烙等加工而制造的食品。糕点有糕和点心之分。根据所添加的谷物的种类、加工方法、形状、地域等不同，有多种分类，用于主食、仪礼食品、休闲食品等。

（5）馒头类

馒头类食品是一种把面粉加水、糖等调匀，发酵后通过蒸笼蒸熟而成的食品，成品外形为半球形或长条形。

2.副食类

（1）汤类

汤类食品是由各种食材（如肉类、蔬菜、豆腐等）加水煮制而成的液态食品。

（2）火锅类

火锅类食品是在砂锅或有盖的锅中添加切成小片的肉或鱼和各种蔬菜，再加上少量的高汤，边煮边吃的食品。

（3）炖菜类

炖菜类食品是在锅或陶罐里添加肉类或鱼贝类、蔬菜和汤料，再用大酱、辣椒酱、酱油或鱼酱调味炖制而成的食品。

（4）泡菜类

泡菜类食品即用蔬菜制作的乳酸发酵食品。

（5）凉拌菜类

凉拌菜类食品是以蔬菜、干鱼片、熟肉片等为原料，添加用各种调味料制成的酱料搅拌制成的副食品。特色凉拌菜有凉拌明太鱼、凉拌沙参、凉拌橡子冻、牛肉拌黄瓜等。

（四）根据食品的性质不同分类

根据食品的性质不同可以分为米饭类、粥类、面食类、糕点类、饼类、汤类、炒菜类、酱类、泡菜类、酒类、饮料类等。

二、朝鲜族饮食及饮食礼仪特点

（一）朝鲜族食品自身的特点

朝鲜族食品的自身特点主要有以下几点：

1.主副食区别明显，副食种类多。

2.贮藏食品发达，不仅泡菜和其他发酵食品发达，干燥食品和腌制食品也很发达。

3.轻花色重味道，风味丰富，善于利用香辛料。

4.饮食结构中谷物性食品和蔬菜类食品占的比重大，而动物性食品少。

5.时食和季节食品发达。

6.注重早餐和午餐。

7.谷物和豆类食品发达。

8.食医同源的理念融入食品制作。

（二）朝鲜族饮食生活礼仪上的特点

1.餐具的摆放方式和餐饮礼仪受儒教的影响比较深。

2.餐具摆放一次性完成。餐具摆放有三碟、五碟、七碟、九碟和十二碟等特殊的摆放方式。

3.一般以成年男子为中心，每人有单独的饭桌。食器和饭桌以单人用的较好。

4.每个人的盛饭量不是按照个人的饭量，而是按照食器的大小。

5.朝鲜族非常重视礼仪，如周岁礼、婚礼、花甲礼、祭礼等，因此礼仪食品很发达。

6.用餐后有喝숭늉（锅巴汤）的习惯。

（三）风俗上的特点

1.饮食生活具有风俗性，通过季节食品表达出民族共同体意识。

2.注重饮食礼仪，突出风俗性和主体性。

3.重视味道的和谐，使用多种调味料、香辛料，故比较费时费力。

4.饮食风俗发达，根据不同季节特性加工不同食品。

5.季节性食品发达。春季吃金达莱花煎饼、喝艾蒿汤等；夏季的伏天吃香瓜等；秋季吃柚子、花菜、栗子等。

第三节　朝鲜族传统食品的现状及展望

一、朝鲜族传统食品开发的现状及存在的问题

（一）主食类的开发利用现状

主食类食品主要有米饭类、粥类、面条类、糕点类、馒头类等。其中，目前工厂化生产的有面条类、糕点类等，其他的有待于开发。

（二）副食类的开发现状

副食类食品主要有泡菜类、酱类和凉拌菜类等。泡菜类以朝鲜族风味的辣白菜为代表；酱类以朝鲜族风味的大酱、辣椒酱、包饭酱、姐妹酱、臭酱、土酱油等为代表；凉拌菜类以凉拌明太鱼、凉拌沙参、凉拌橡子冻、牛肉拌黄瓜等为代表。

（三）饮料开发现状

饮料分为酒精饮料和非酒精饮料。传统米酒、果酒属于酒精饮料，各种茶饮、果汁属于非酒精饮料。具有代表性的朝鲜族酒精饮料有清酒、浊酒等，非酒精饮料有大麦茶、玉米须茶、锅巴茶、荞麦茶、柿饼茶、五味子茶等。

二、朝鲜族传统食品开发存在的问题

（一）科技含量低，缺乏专业技术人才

传统食品的加工技术源于传承，工艺简单但劳动强度大而烦琐，现代加工技术应用少。大部分是小微型传统食品加工企业，员工缺乏相应的食品加工技能培训，而接受过专业教育的技术人才又很难留住。

（二）机械化程度不高，设备简陋

传统食品的加工主要靠手工制作，机械化程度不高。工艺流程不完善，机械设备应用得比较简单，缺少流水作业。

（三）产品质量不稳定，卫生安全措施不足

食品生产与加工要保证产品质量安全遵循食品良好操作规范（GMP）、食品卫生标准操作程序（SSOP）、食品质量控制 HACCP 系统及 ISO 22000-2018 食品安全管理体系。但是传统食品大部分在小微型企业生产，厂房和设施简陋，各种质量安全规章制度还不健全，很难保证食品质量和安全。

（四）产业化力度不够

大部分朝鲜族传统食品生产企业属于小微型企业，生产经营规模小，从事简单的农产品加工，很难形成规模化和产业化。

三、朝鲜族传统食品的发展方向

（一）传统食品加工的工业化、规模化、自动化

1.朝鲜族传统食品加工要采用现代化设备，先进的工艺和现代化管理手段。

2.对原料的加工特性进行研究，实现加工系统的自动化。

3.制造工程标准化，发展和丰富品质管理方法，质量鉴定方法。

4.提高包装方法，使食品在流通、销售过程中质量不发生变化。

5.加强对贮藏加工技术的开发与研究。

（二）高科技产品的开发和利用

利用生物工程、发酵工程等高新技术。

（三）传统食品的消费新渠道

成品、半成品，相关调、辅料，方便食品的生产等。

（四）传统食品多样化、特色化、高档化

1.在不失传统风味的同时，开发出适宜于不同地区、不同嗜好、不同营养条件的人群食用的民族传统食品。

2.在面对国外食品的冲击时，要寻找出一条具有中华民族传统食品特色的发展途径。

3.对民族传统食品进行营养强化，增添功能性，开发出营养、保健、风味为一体的食品。

（五）优质原材料的培育、保存、利用

传统食品大部分以受采收季节影响的农产品为原料。因此，保持农产品的新鲜度尤为重要。发展农产品贮藏技术是关键。同时，优良品种的培育和改良，也是发展传统食品的途径。

第二章　朝鲜族传统冷面生产技术

冷面是朝鲜族传统面食，其中以荞麦面冷面著称。目前朝鲜族冷面作为地方特色食品，不仅大街小巷有冷面店，还有工厂生产的方便冷面销售，冷面生产企业成了朝鲜族民族食品生产的支柱企业。

第一节　朝鲜族冷面概述

一、冷面及朝鲜族冷面的定义

（一）冷面的定义

冷面是将面条热水煮熟、捞出后，过冷水冷却，加汤和调味料后食用的食品。

（二）朝鲜族冷面的定义

朝鲜族冷面是将谷物面粉加水和成面团，在模具中挤压出条状，用热水煮熟、捞出后过冷水冷却，放在碗里加冷面汤，在上面码放佐料和点缀的食品。

二、朝鲜族冷面的特点

1.朝鲜族冷面的面粉以淀粉质面粉为主。

2.制面的方法采用挤压法。

3.烹制方法采用汤面或拌面。

4.食用方法上以冷吃为主。

三、朝鲜族冷面的分类

1.按面粉的种类分：朝鲜族冷面分为荞麦冷面、玉米冷面、橡子冷面等。

2.按面汤的种类分：朝鲜族冷面分为牛肉汤冷面、鸡汤冷面、海鲜汤冷面、泡菜汤冷面、豆浆冷面等。

3.按拌面的种类分：朝鲜族冷面分为烩冷面、辣酱拌面、泡菜拌面等。

4.按加工方式分：朝鲜族冷面分为即食冷面和冷面加工品等。

5.按地域分：朝鲜族冷面分为平壤冷面、咸兴冷面、江原道杂菜冷面和延吉冷面。

四、朝鲜族冷面在国内外面条中的地位

面条是我国常见食物之一，全国不同地区各有独具特色的面条，如北京的炸酱面、素什锦凉面，上海的葱油拌面，天津的打卤冷面，广东的鸡蛋凉面，山东的麻酱凉面，山西的柳叶面，兰州的清汤牛肉面，四川的红油凉面、麻辣凉面，延边延吉冷面等。其中，"延吉冷面"闻名海内外。2013年由中华人民共和国商务部、中国饭店协会联合评选的"中国十大面条"评比中，"延吉冷面"与武汉热干面、北京炸酱面、山西刀削面、兰州牛肉面、四川担担面、河南烩面、杭州片儿川、昆山奥灶面、镇江锅盖面等特色面条一起被入选为"中国十大面条"。

第二节　朝鲜族传统冷面的原料及其特性

一、朝鲜族传统冷面的组成

朝鲜族传统冷面由面条、冷面汤、调味酱、辅料、点缀等五个部分组成。面条主要用谷物面粉挤压制作。例如，荞麦面条由荞麦粉和谷物淀粉按一定比例混合加工。冷面汤为肉汤、海鲜汤、萝卜泡菜汤。调味酱由红辣椒粉、蒜泥、食盐、食醋等混合制成。辅料一般由肉片、鸡骨丸子、鸡蛋、泡菜、黄瓜丝、水果片等组成。点缀由蛋皮丝、红辣椒丝、松子、芝麻等组成。

二、面条加工原料及其特性

朝鲜族传统冷面的面条一般由荞麦粉和土豆淀粉按一定比例混合加工而成，而其他冷面的面条则用荞麦粉、小麦粉、橡子粉、玉米粉、绿豆粉、大豆粉、谷物淀粉（土豆淀粉、红薯淀粉、玉米淀粉）等混合加工而成。为了改善面条品质，往往添加一些佐料，如食盐、食碱、面团改良剂、营养强化剂、抗氧化剂等。

（一）荞麦及荞麦粉

1.荞麦的分类
荞麦根据籽粒的食用品质分为甜荞麦和苦荞麦两类。
（1）甜荞麦
甜荞麦也称为普通荞麦，其籽粒的食用品质好，带有甜味。
（2）苦荞麦
苦荞麦也称鞑靼荞麦，其籽粒食用时略带苦味，虽然产量高，但种植面积小。
2.荞麦的籽粒形态和结构
甜荞麦的籽粒比苦荞麦大，面光滑，黑色或银灰色，呈三角形，所以俗称"三角麦"。

苦荞麦的籽粒较小，籽粒棱角钝、栗色灰暗、无光泽、表面粗糙、皮层不易脱落。荞麦籽粒的千粒重多在 15~40g 之间。

荞麦的籽粒主要由果皮、种皮、胚乳和胚四个部分组成。果皮很厚，占籽粒质量的 25%~30%，果皮内包含一粒种子，种皮很薄，紧附胚乳，呈黄绿色。胚乳很发达，含有丰富的糖分，大部分是淀粉；胚占比很大，被胚乳紧密包围，位于籽粒的中央。子叶薄而大，扭曲横断面略呈弓形，用荞麦磨制成的粉为荞麦粉。

（二）荞麦粉的营养价值及其特点

荞麦是一种营养成分全面又具有保健作用的作物。每 100g 荞麦粉中，含蛋白质 9~11g，蛋白质中各种必需的氨基酸含量比较高，特别是富含谷物类粮食所缺乏的赖氨酸，其含量是稻米的 2.7 倍，小麦粉的 2.8 倍，小米的 3.2 倍；含脂肪 2~3g，多数为油酸和亚油酸；含糖类物质 72~73g，荞麦中的钙、铁、磷、镁等矿物质含量也较丰富。荞麦中的维生素含量较高，每 100g 荞麦粉中含维生素 B_1 0.41mg，含维生素 B_2 0.16mg，比大米及小麦粉高；含烟酸 4.1mg，较小麦粉高 3~4 倍。除此之外，荞麦中含有其他粮食作物不具有的芦丁和苦味素。芦丁能有效降低微血管的脆性和渗透性，具有防止脑微血管出血和增进视力的作用；苦味素有清热降火、健胃的作用。荞麦中含有丰富的淀粉酶，因此比其他谷物淀粉容易水解糖化，易被人体消化吸收。

目前世界上许多国家，如俄罗斯、日本、法国、加拿大、美国和朝鲜等国家在荞麦食品研究方面都开发出不少新品种。例如，荞麦营养配餐、强化荞麦营养面包、荞麦蛋糕、荞麦速食面条、苦荞麦食疗挂面、多维荞麦食品等多种荞麦疗效食品。据报道，仅日本东京市就有荞麦面馆 6000 余家。日本还用荞麦仁配制抗高血压的健身粉。目前日本自产荞麦已远不能满足需要，需要从中国大量进口。近年来，日本和东南亚许多国家的游客来我国旅游时，都会选择荞麦食品。可见，荞麦食品的发展前景广阔。荞麦粉的营养成分如表 2-1 所示：

表 2-1 荞麦粉（全麦粉）的营养成分（每 100g）

项　目	指　标	项　目	指　标
热量（KJ）	1272.24~1401.98	钙（mg）	39~99
蛋白质（g）	9.1~12.62	磷（mg）	205~337
粗脂肪（g）	2.7~3.1	铁（mg）	4.06~5.0
碳水化合物（g）	60.2~75.10	硫胺素（mg）	0.3~0.45
膳食纤维（g）	4.2~6.30	核黄（mg）	0.18~0.21
灰分（g）	1.3~8.6	尼克酸（mg）	1.20~6.15

第三节　朝鲜族传统冷面的生产技术

朝鲜族传统冷面的加工包括面条加工、冷面汤的制备、调味酱的制备、辅料的制备、点缀的制备等五个部分。

一、面条的加工

面条是将面粉加水和成面团后，经挤压、煮制而成。

荞麦的蛋白质不具有面粉蛋白的特性，即不能形成面筋。荞麦面和面后黏弹性、延伸性极小，压面条时容易断裂。所以，要添加黏性比较大的淀粉，如添加马铃薯淀粉增性。

（一）面团的制备

1.面团制备工艺流程
面团制备工艺流程如图 2-1 所示：

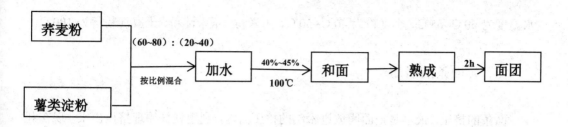

图 2-1 面条制备工艺流程

2.面团制备操作方法

（1）面粉的配比。传统的荞麦冷面一般采用 100%的荞麦粉或者荞麦粉 60%~80%与土豆淀粉 40%~20%混合制成。面条加工过程中各种面粉的配比如表 2-2 所示：

表 2-2 面条加工过程中各种面粉的配比

种类	配合比例（%）					
	荞麦粉	小麦粉	土豆淀粉	玉米淀粉	玉米粉	绿豆粉
荞麦面条	100		—			
	60~80		40~20			
	50	—	40	10	—	—
	40		30		—30	
	40		20	40		
小麦面条		100				
	—	60~70	40~30	—	—	—
		80	20			
		60				40
土豆粉条	—	—	100		—	—
玉米面条	—	—			100	—

（2）加水量。加水量为 40%~45%左右为宜。加水过多导致在压条时容易断条；加水过少面团发硬，挤压面条成形困难。

（3）水温。和面时水温非常重要。谷物淀粉因没有面筋蛋白，所以没有像小麦粉那样筋斗和有拉力，所以和面时要充分糊化才能得到一定程度的黏性。一般荞麦面粉和面

17

水温度为 60℃~65℃，小麦粉为 40℃~50℃，玉米粉、玉米淀粉、土豆淀粉等为 100℃。

（二）面条的挤压

面条的挤压，最早是把面团放进木制的挤压筒内，利用杠杆原理挤压出来。现在利用面条机挤压成形，面条机有手动面条机、电动面条机、液压式面条机等，普遍采用液压式面条机。

面条的粗细由面条机的模具来调节，模具有粗细之分，不同地区的消费者对面条的粗细嗜好度不同，延边消费者偏爱较粗的面条。

（三）煮面

煮面条时要掌握好水量、水温、时间。水要沸腾，水量要充足，一般面条与热水的比例为 1∶99。煮面时间一般为 30s~90s，但煮面时间与面条的粗细有关，实际操作中灵活掌握。即食冷面的加工，面条机和煮面锅的水面距离也影响煮面的品质，一般以 10~15cm 为宜。煮面条时用筷子或者笊篱挑翻，使面条受热均匀。当面条漂起来时，及时捞出放入冷水中浸凉。

过去煮面锅是烧煤或者烧柴火，如今都用烧煤气的煮面锅，热量足又卫生。

（四）洗面、装面

现压冷面煮面之后要立即捞出，放入冷水中冷却。此时要面条表面好好搓洗，将表面糊化的面糊全部洗掉，不然面条会粘在一起。面条要用冷水搓洗 3~4 次，保持面条表面爽滑筋斗。

二、冷面汤的加工

（一）冷面汤的分类及作用

朝鲜族冷面的秘诀在于冷面汤，不同家庭、不同店面都有自家的秘方，但其共同点是透凉爽口、酸甜无异味。冷面味鲜美、可口，主要取决于汤料的质量，可见汤料在冷面生产中的重要地位。朝鲜族冷面之所以受当地民众和外地游客的青睐，其中一个重要的原因就是其生产的冷面汤质量高，且具有特色。一碗冷面汤甚至有几十种物质。这种汤料不仅能增强面条的营养价值，而且也使面条的口感达到极致。朝鲜族冷面汤一般分为肉类汤、海鲜汤、泡菜汤和豆浆。肉类汤有牛肉汤、鸡肉汤、野鸡肉汤等；海鲜汤有各种贝类汤；泡菜汤有萝卜泡菜汤。

（二）冷面汤料配方开发的基本原理

开发一个冷面汤料配方必须要做到以下几点：

了解和辨别各种原料的性质、使用方法、质量好坏等；

弄清各种原料混合后的效果；

根据工艺要求对原料进行加工；

根据传统汤料配方和现代风味化学知识对配方加以改进与完善；

配方进行实验，样品经多人品尝，根据大家的意见改进，直到大家满意为止；

在进行配方设计的同时，必须考虑到可操作性，如原料是否能混合均匀、成品是否易于包装、是否易于保存等。

（三）肉类冷面汤的加工工艺及其方法

1.肉类冷面汤一般加工工艺及方法

朝鲜族冷面汤以肉类汤为基础，肉类汤一般有牛肉汤、鸡肉汤等。

（1）肉类冷面汤一般工艺流程如图2-2所示：

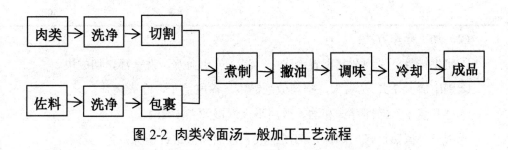

图 2-2 肉类冷面汤一般加工工艺流程

（2）加工操作方法：

①肉类选择

牛肉汤选用脂肪含量较少的牛肉、牛排骨，牛肉要里脊肉或者臀部的肉，要无筋、鲜嫩部位的肉。鸡肉要去皮和脂肪。

②洗净、切割

洗净后，切成手掌大小的肉块。

③佐料

冷面汤的佐料一般为胡椒、生姜、桂皮、洋葱等。

④煮制

肉块和佐料放在冷水（肉∶水=1∶5）中煮沸，文火熬制。

⑤调味

放入酱油、盐进行调味，盐含量为 0.8%~1%。

为了肉汤的鲜味，肉汤中还可加入少量味精、食糖、食醋等。

2.牛肉冷面汤的制备工艺及其方法

牛肉冷面汤鲜淡、不油腻，受大众的喜爱。

（1）牛肉冷面汤配方

牛肉冷面汤的配方如表 2-3 所示：

表 2-3 牛肉冷面汤配方（15 碗份）

名称	用量（g）	名称	用量(g)
牛排骨	1200	酱油	60
牛肉	600	胡椒	2
猪肉	400	生姜	50
食盐	35	洋葱	500

（2）加工操作方法：

①将牛排骨、牛肉和猪肉置冷水中浸泡，放出血水，洗干净，切成块。

②锅中放入 7.5L 左右水，把肉放进锅中，盖好盖子，旺火烧开。

③打开盖子，撇净浮沫和油，改用小火慢慢炖煮 1~2h。

④肉充分煮熟后捞出晾凉，肉汤中放入酱油和盐进行调味。

⑤接着用筛子过滤，将滤液放在低温处进行冷却。

3.鸡肉冷面汤的制备工艺及其方法

鸡肉冷面汤材料容易得到，价格比较低，简单易行。

（1）鸡肉冷面汤配方

鸡肉冷面汤配方如表2-4所示：

表2-4　鸡肉冷面汤配方（8碗份）

名称	用量（g）	名称	用量（g）
鸡肉	1000	食盐	35
葱	150	酱油	60
蒜	20	胡椒	1

（2）加工操作方法：

①将骨头剔出，切碎后放入葱、蒜、胡椒进行腌渍。

②鸡骨头放入4L水中炖煮1~2h后，用食盐调味。

③盐渍的鸡肉炒熟后，从中盛出一半作为冷面的佐料使用，剩余的加入1.5L左右水煮沸，然后用食盐和酱油调味;用筛子过滤,将滤液和鸡骨头汤混合后进行冷却即可。

（四）海鲜冷面汤的制备工艺及其方法

海鲜冷面汤味道鲜美，营养丰富，深受消费者喜爱。

1.海鲜冷面汤的一般配方

海鲜冷面汤以贝肉冷面汤为例，其配方如表2-5所示：

表2-5　贝肉冷面汤配方（6碗份）

名称	用量（g）	名称	用量（g）
贝肉	300	蒜	15
萝卜	200	食盐	15
葱	50	酱油	50

2.加工操作方法

将贝肉挑出洗净后，放入葱、蒜，炒至一定的程度后加入 3L 左右水作汤。

汤烧开后，把萝卜切成大块放入，待煮熟后将萝卜和泡沫捞出，过滤，用酱油和盐进行调味。

（五）萝卜泡菜冷面汤的制备工艺及其方法

萝卜泡菜冷面汤是具有朝鲜族典型风味的冷面汤，口感凉爽，味道酸甜。

1.萝卜泡菜冷面汤制作工艺

萝卜泡菜冷面汤加工一般工艺流程如图 2-3 所示：

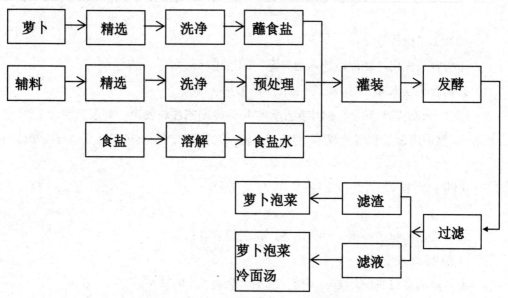

图 2-3 萝卜泡菜冷面汤加工一般工艺流程

2.萝卜泡菜冷面汤的制作方法

（1）材料及其配比

传统的萝卜泡菜一般在冬季室温较低的条件下经乳酸发酵而制成，其口感酸甜爽口，备受人们喜爱。萝卜泡菜汤不仅可以解渴降火，还能解毒解酒。萝卜泡菜汤作为冷面汤时，一般原汁取 10L，加入 300g 食盐，调成盐浓度为 3% 的冷面汤。萝卜泡菜加工原料及配比如表 2-6 所示：

表 2-6 萝卜泡菜加工原料及配比

类型	品目	重量（g）	品目	重量（g）
主材料	萝卜	20000	粒盐	450
辅材料	梨	2000	蒜	100
	葱白	300	生姜	100
	毛葱	100	青椒	200

（2）主材料的处理

①萝卜的精选及加工。大小适宜，表面光滑新鲜，内为脆嫩的萝卜作为泡菜专用，除掉细根，涮洗表面，沥水干净，表面蘸食盐，装缸。

②粒盐的选择。粒盐选干净的天日盐。

（3）辅材料的处理

①梨的加工。将梨清洗干净，用竹针刺出小孔。

②葱白的加工。切除细根，洗净并沥水。

③毛葱的选择及加工。剥去外皮，切除细根，腌制片刻，将 2~3 根捆在一起。

④芥菜的选择及加工。选择茎又长又嫩，叶嫩滑新鲜的芥菜，与毛葱一起腌制片刻，将其两个为一组捆绑在一起。

⑤海菜的加工。洗净切成若干段。

⑥青椒的选择及加工。选择较辣的青椒，不摘果柄，将其腌制在盐水中，直到变黄色为止。

⑦蒜和生姜的加工。剥皮洗净，切成适宜的片，装在纱布包中。

（4）盐水的制备

腌泡菜前一天配置备用。

将大粒盐放在筛子或者篮子中，筛子或篮子放在土缸上面，将其上面淋凉开水溶解食盐。

（5）装缸发酵

①将腌制好的青椒捞出来，擦干表面水，备用。

②缸底部放进佐料袋子，其上部相间叠放萝卜、梨、毛葱等，用扁平的石头压住。

③将配制好的盐水倒入缸内。

④在凉爽的地方发酵 3 周左右。

⑤倒出泡菜汤，作为冷面汤备用。

（6）萝卜泡菜冷面汤的特点

梨的香甜和萝卜的新鲜相结合，增添香甜凉爽感。可以单用泡菜汤作冷面汤，也可以同肉汤一起用。为了提高口感，可加入食醋、味精、食糖等调料。

（7）萝卜泡菜冷面汤的保管

由于蔬菜乳酸发酵制品，温度过高会过度发酵，容易引起糖酸比的变化，导致酸味过大。所以，萝卜泡菜冷面汤一般在-5℃左右的条件下冷藏。

三、调味酱的加工

调味酱是朝鲜族冷面的重要组成部分，对冷面的口味起着关键作用。一碗冷面或者一包冷面，其味道是否微辣、鲜美、可口，取决于调味酱的质量好坏。调味酱的配方决定冷面的味道和特色，所以一般冷面店或者生产企业对其配方是严格保密的。从外表上看，大多数是红辣椒粉和芝麻粒，但其味道不同。

（一）朝鲜族传统冷面调味酱的基本原料及其作用

朝鲜族传统冷面的调味酱主要原料是红辣椒粉（粗/细搭配）、芝麻、白糖、食盐、牛肉粉、海鲜酱油、鱼露、糖稀、糯米糊、蒜末、姜末、洋葱末等。将上述原料按比例混合，添加冷面汤配制成调味酱，主要起到给冷面调味的作用，具有味道微辣而鲜美，颜色鲜红透亮，口感清凉等特点。

（二）冷面调味酱加工方法

1.将粗细辣椒粉按一定比例混合；

2.添加炒熟的芝麻，最好是脱皮的芝麻仁，增进香味和口感；

3.按比例添加白糖、糖稀、食盐、鱼露、牛肉粉等，增进酸甜、咸鲜口味；

4.添加蒜末、洋葱末、姜末，增进口感；

5.添加适量糯米糊，增加黏稠度和亮度；

6.添加冷面汤，调节黏稠度，同时增加鲜味。

四、冷面辅料的加工

辅料可使冷面美观，还可提高营养价值和口感。辅料的搭配要考虑冷面整体营养均衡性，也要考虑冷面本身的花色和适口性。

（一）冷面辅料的种类

朝鲜族冷面根据辅料的特性分为肉类、鱼贝类、蔬菜类、水果类。

大众冷面采用的配菜种类如图2-4所示：

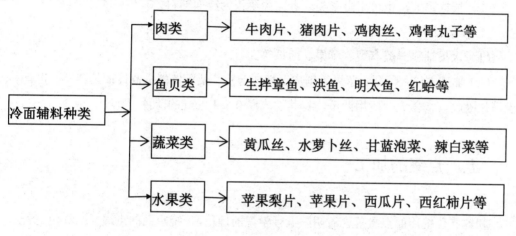

图2-4　朝鲜族冷面辅料的种类

朝鲜族冷面的辅料一般选择当季生产的原料。例如，蔬菜一般秋冬季选择白菜、甘蓝、萝卜条泡菜，春季选择水萝卜，夏季选择黄瓜丝。水果一般秋冬季选择梨或苹果，夏季选择西瓜或西红柿，切成片状放在面条表面。

1.肉类辅料

（1）肉类辅料种类

按肉的种类分牛肉、猪肉、鸡肉等；按肉的加工形状分肉片和肉丸子。

（2）加工方法

肉片的加工方法：①牛肉、猪肉作辅料，可将牛肉、猪肉煮熟后切成长5~6cm，宽1.5-2cm，厚0.1~0.2cm的片，调味后使用；②鸡肉作辅料，可将鸡肉煮熟后，撕成条状，调味后即可使用。

肉丸子的加工方法：一般用鸡肉和鸡骨头制备。将鸡骨头剁碎，与剁好鸡肉混合搅拌，制成肉丸子，此时可以添加胡椒、盐、料酒、糖、酱油等佐料调味后使用。

2.鱼贝类辅料

（1）鱼贝类辅料有明太鱼、章鱼、洪鱼等。

（2）凉拌冷面里通常放有鱼贝类辅料，即肉质白皙、无小刺、鱼腥味少的鱼或新鲜贝类。

3.蔬菜辅料

（1）蔬菜辅料常常采用泡菜，如萝卜丝、甘蓝等泡菜，也可以选择黄瓜丝、水萝卜丝等。

（2）根据季节，也可用野菜类或者凉拌菜作为冷面辅料。

4.水果辅料

（1）水果辅料一般有梨、苹果、西瓜等。

（2）加工方法：①梨、苹果等削皮后切成薄片。梨不仅能提高冷面的口感，也有利于消化吸收。②夏天一般用西瓜，将其切成厚 0.5~1.0cm 的薄片。

五、点缀的加工

朝鲜族传统冷面点缀蕴含着阴阳五行学说的理论。传统冷面的点缀要配红色、黄色、白色、绿色和黑色等带有五种色彩的物料。传统冷面点缀的种类和简单的加工方法如图 2-5 所示。黄色由蛋皮丝体现，其做法是将蛋黄均匀打碎，摊薄薄的蛋皮，切成很细的丝；绿色由葱丝体现，其做法是将绿色葱叶切丝；红色由红辣椒丝体现，黑色由黑芝麻体现，白色由松子配成体现。据记载，古时也用青杏肉做蜜饯切丝用来点缀。

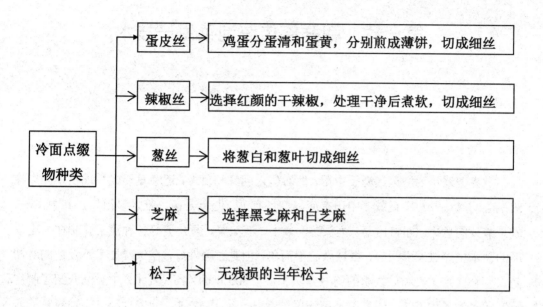

图 2-5 朝鲜族传统冷面点缀的种类及加工方法

第三章　朝鲜族传统泡菜生产技术

　　学界普遍认为泡菜起源于中国，然后传入朝鲜和日本，逐渐发展成为现在不同风味的泡菜。《诗经》中记载"中田有庐，疆场有瓜，是剥是菹，献之皇祖"，其中"菹"就是酸菜的意思，即将白菜、大头菜、萝卜、石头菜、蒲公英等各种蔬菜腌制在一定浓度的盐水里经过发酵而成，虽然做法很简单，但是贮藏性好，在保鲜技术不发达的时期是人们补充维生素和矿物质的绝好方法。公元500年的《齐民要术》中详细介绍了制作腌制蔬菜的各种方法，以发酵和腌渍区分，共介绍了32种。北宋食经《中馈录》、元朝家庭生活用百科全书《居家必用事类全集》、明朝《多能鄙事》、清朝食经《养小录》等均有对泡菜做法的记载，但都是以《齐民要术》为基础，流传发展成现在的酸菜、泡菜、酱菜类。中国泡菜的主要特征是将蔬菜洗净漂烫后，用盐、醋、酒糟等调味料调味，主要味道是酸和咸，脆而爽。

　　朝鲜族泡菜基于蔬菜腌渍的基本原理，将蔬菜浸泡在盐水腌制之后，拌入以红辣椒、蒜末、姜末等为配料的调味酱进行发酵制成，其是泡菜发酵工艺的进一步推进。

第一节　朝鲜族传统泡菜概述

一、泡菜的定义、分类与特点

　　泡菜是对动植物可食性部位进行腌制和乳酸发酵而制成的发酵食品。狭义上的泡菜是蔬菜乳酸发酵制品，广义上的泡菜除蔬菜发酵外，肉、鱼贝类也能进行乳酸发酵的制品。不仅中国人喜欢吃泡菜，东亚国家的朝鲜、韩国、日本，东南亚国家的越南，欧洲的德国、法国等国家的人们也喜欢吃泡菜。不同国家和地区对泡菜的叫法不同，中国叫"泡菜"，朝鲜和韩国叫"Kimchi"，日本叫"浅渍(あさづけ)"，欧洲国家叫"pickle"，但其加工方法都是低温低盐的乳酸发酵，而不是高盐腌制的咸菜。

（一）泡菜的定义

《现代汉语词典》（第7版）将泡菜解释为"把洋白菜、萝卜等放在加了盐、酒、花椒等的凉开水里泡制而成的带酸味的菜"。我国泡菜是一种发酵食品。各种应季的蔬菜，如白菜、甘蓝、萝卜、辣椒、芹菜、黄瓜、菜豆、莴笋等质地坚硬的根、茎、叶、果均可做为主原料，以盐、姜片、花椒、茴香、黄酒等为辅料，装入特制的泡菜坛，在缺氧条件下加速发酵，产生大量乳酸。

据韩国《国语辞典》的"泡菜"词条的解释是，在盐渍的白菜、萝卜等蔬菜中，拌入由辣椒面、大葱、大蒜等制作的调味料，经发酵而制成的食品，根据材料和制作方法的不同可以分成不同种类。

在日本将萝卜、胡萝卜、黄瓜、茄子等蔬菜用淡盐水或者调味液浸渍而短时间发酵制成的食品叫作"漬け物"，中文翻译成"日式泡菜"，其分为即食腌菜和一夜腌菜等。

英语词典对"泡菜"（Pickle）的解释是将蔬菜腌在盐水或醋里的制品，尤其是黄瓜。

国际食品法典标准中对泡菜的定义是，将经盐渍的白菜、萝卜、黄瓜等蔬菜类中，拌入各种调料（如辣椒粉、大蒜、生姜、大葱），在低温中发酵而生成的乳酸发酵制品，其根据主料的不同分成白菜泡菜、萝卜泡菜、黄瓜泡菜等。

不同国家对蔬菜的腌制品叫法不同，但都以当地的时令蔬菜为主要原料，用适量的盐、醋等泡制发酵，是当地人喜爱吃的佐餐菜品。

我国朝鲜族传统泡菜是将白菜、大头菜、萝卜等蔬菜经过盐渍后，拌入各种调料和配菜（如红辣椒粉、大蒜、生姜、大葱、梨、海鲜酱等）制成的调味酱，通过低温发酵而制成的乳酸发酵制品。朝鲜族泡菜以辣白菜为代表。朝鲜族泡菜不仅酸甜可口，带有咸鲜，且还富有复合风味，营养丰富。

（二）泡菜的分类及特点

我国地大物博，多民族共同发展。因此，不同地方、不同民族有不同的泡菜制作方法。泡菜是我国人民生活中最常见的食物之一，其原料容易得到，方法也简单，且味道可口，富有营养。根据盐渍方法不同、地区不同和原料来源不同，泡菜分为四川泡菜、浆水菜、东北酸菜和朝鲜族传统泡菜（Kimchi）。

1.四川泡菜

四川泡菜又叫泡酸菜，其是以多种新鲜蔬菜为原料，将原料浸渍在添加了辛香料的盐水中，经乳酸发酵而制成的小菜。

四川泡菜的制作历史有一两千年了。据考证，泡菜古称菹，《周礼》中就有记载。三国时期有泡菜坛，北魏的《齐民要术》记载了用白菜制酸菜的方法。四川人民经过长期的实践总结，制作泡菜的工艺逐渐完善，形成了现在的四川泡菜。

2010年，四川泡菜成功申报为国家地理标志保护产品。保护区域涵盖四川21个市（州）144个县，保护面积约2000万公顷。

四川泡菜制作简单，经济实惠，易于储存，食用方便。其原料有萝卜缨、白菜帮、青菜茎、黄瓜、豆角等。蔬菜经泡渍发酵，就成了酸泡菜。因是冷加工，有益成分损失较少，所以四川泡菜营养丰富，富含维生素C、维生素B_1、维生素B_2等多种维生素，以及钙、铁、锌等多种矿物质，是很好的低热量食品；四川泡菜还含有丰富的活性乳酸菌，有利于人体的消化吸收、改善肠道健康。四川泡菜还被用作食材和药用，如酸菜鱼、泡椒鲫鱼、榨菜肉丝等很多菜都用泡菜；药用功能方面，萝卜泡菜去寒，青菜泡菜清热去暑，茄子泡菜治腮腺炎，姜泡菜祛寒御湿等。

四川泡菜按泡制时间的长短又可分为滚水菜和深水菜。滚水菜也叫洗澡泡菜，是菜在料水里泡一两天即成，随泡随吃，时间长了会变酸，如萝卜皮、莴苣等。深水菜是菜长时间泡在料水里，如子姜、蒜、辣椒、萝卜等。

四川泡菜按用途可分为调料菜和下饭菜。

2.浆水菜

浆水菜是陕西关中、陕南部分地区特色小菜。浆水菜通常是以芹菜、油菜、雪里红、白菜、萝卜缨子、包包菜、石头菜等时令蔬菜为原料。做法是先将其焯水，放入容器后，将烧好的面汤倒入容器中的蔬菜上，再将烧好的开水倒入容器中，加盖在室温发酵；待菜叶发黄、汤汁变酸，便可食用。浆水菜做法很简单，一年四季均可制作。

浆水菜可以搭配各类米、面等食物。玉米面做的面糊糊、面节节、搅团、蝌蚪子，玉米糁做的糁糊糊、卜拉子，嫩玉米磨碎做的水粑粑等，小麦面做的拌汤、面削削、拨面鱼、面条等，大米做的酸稀饭、粗老灌、菜豆腐、蒸饭等。浆水菜具有酸爽开胃，降暑止渴等功效。

3.东北酸菜

东北酸菜是东北地区的一种家常特色食物。用大白菜腌制而成，极具东北地方特色。将白菜老叶去掉，洗净控水，一层一层码放在已经消毒的容器内，加入凉开水（也可撒一点盐），也可以直接加入淡淡的盐水，直到没过白菜，用重物压实，容器口密封，放在10℃~20℃的凉爽处发酵20d左右可以食用。白菜经乳酸杆菌发酵后，产生大量乳酸，不仅口感好，而且对人体有益。

东北地区的酸菜一般在秋末初冬腌制。白菜直接浸泡在水或盐水中进行乳酸发酵。白菜经乳酸发酵后有独特芳香，其味道浓郁纯正，酸度适中。

4.朝鲜族传统泡菜

朝鲜族传统泡菜是将白菜、萝卜等蔬菜经过盐渍后拌入调制好的各种调味料（如辣椒粉、大蒜、生姜、大葱）在低温中发酵而制成的乳酸发酵制品，组织脆嫩，酸度适中，具有各种香辛料的辛辣、清香和乳酸发酵的风味聚于一身的复合风味。

（三）朝鲜族传统泡菜的分类及特点

1.朝鲜族传统泡菜的分类

朝鲜族传统泡菜以时令蔬菜和野菜为原料发酵制成。根据原材料及其形状、腌制时间、调料配比及辅料的不同，朝鲜族传统泡菜分为以下几种：

（1）根据原材料的不同分类

根据原材料的不同分类，朝鲜族传统泡菜可分为辣白菜、萝卜泡菜、荠菜泡菜、英菜泡菜、黄瓜泡菜、茄子泡菜等约137种。

（2）根据原料形状的不同

根据原料形状的不同，朝鲜族传统泡菜可分为棵状泡菜、条状泡菜、块状泡菜等。

（3）根据腌制时间的不同

根据腌制时间的不同，朝鲜族传统泡菜可分为越冬泡菜、即食泡菜等。

（4）使用辣椒粉与否

根据是否使用辣椒粉，朝鲜族传统泡菜可分为白泡菜、辣泡菜等。

另外，据文献记载，朝鲜族传统泡菜根据所使用的材料不同，还分为以下几类：

①以白菜类为主材料的泡菜类。（约 34 种）

②以萝卜类为主材料的泡菜类。（约 35 种）

③以黄瓜类为主材料的泡菜类。（约 12 种）

④以其他蔬菜为主材料的泡菜类。（约 49 种）

⑤以鱼类为主材料的泡菜类。（约 6 种）

⑥以肉类为主材料的泡菜类。（约 2 种）

⑦以海藻类为主材料的泡菜类。（约 3 种）

⑧水泡菜类。（25 种）

2.朝鲜族传统泡菜的特点

朝鲜族传统泡菜根据原材料、辅料和发酵条件等不同，显现出不同的风味和特点，具体有以下几个特点：

（1）原材料特点

朝鲜族传统泡菜以当地时令蔬菜为主，大量使用红辣椒粉，以辣白菜为代表。

（2）工艺特点

朝鲜族传统泡菜在工艺上的特点是采用初腌制和拌入调味酱之后的再腌制，属于两阶段发酵法。

（3）调辅料特点

朝鲜族传统泡菜在调辅料上的特点是采用具有民族特色的香辛料、海鲜酱、肉类等，其味道辛香、咸鲜。

（4）口味特点

朝鲜族传统泡菜在口味上的特点是口感微辣，酸甜，具有特殊的综合风味，感官俱佳。

第二节　朝鲜族传统泡菜加工基本原理

一、盐渍原理

盐渍是高渗透压的储存方式,其原理是当各种不同成分或不同浓度的溶液放在一起时,起扩散作用,直到溶液均匀为止。例如,将两种溶液用羊皮纸或类似的半渗透膜隔开,两种溶液因性质不同可由一方渗透到另一方,结果产生压力,称为渗透压。渗透压的大小依溶液中溶质的分子数目而定,分子数目越多压力越大。在同一质量百分浓度的溶液中,小分子溶质较大分子溶质的渗透压要大,离子溶液较分子溶液的渗透压大。所以,盐类溶液的渗透压大于糖类溶液渗透压。微生物的细胞膜具有半通透性,渗透压对微生物有很大影响,它们的生活环境必须具有与其细胞大致相等的渗透压,超过一定限度或骤然改变渗透压,对微生物是有害的,甚至导致微生物死亡。凡溶液中电解质或其他固形物质的浓度大于细胞内液体的浓度时,成为高渗透压溶液。微生物在高渗透压溶液中细胞脱水,原生质收缩,发生质壁分离而死亡。一般腐败微生物细胞液的渗透压在0.35-1.69MPa之间,而1%的食盐溶液可以产生0.62MPa的渗透压,盐渍加工的蔬菜产品含盐量可达35%,能产生20MPa气压,远远超过一般微生物的细胞液的渗透压。这样,腐败微生物无法从盐渍的蔬菜上吸取营养物质,甚至其细胞内的水分被渗透出来,造成质壁分离而死亡,如在盐渍的同时降低盐水的pH值,细菌的耐盐性更为减弱。

蔬菜进行盐渍加工时,常将鲜蔬预煮后再用饱和盐水浸泡,旨在增加蔬菜细胞膜的渗透性,由于细胞内外浓度的差异,产生由低浓度向高浓度渗透的作用,也就是由细胞内向细胞外渗透,最后达到细胞内外浓度平衡;使蔬菜的细胞液被食盐溶液所替代,并且尽快终止原料细胞内的生物化学变化,如酶促褐变,最大限度地保存原料的营养价值与商品价值。同时,盐渍加工还利用食盐溶液的高渗透压对微生物的抑制或破坏作用,使泡菜免遭其害而得以保存较长时间。

盐渍加工的产品含盐量可达25%,可以产生15198.38KPa的压力,远远超过一般微生物的细胞渗透压,致使微生物不但无法从盐渍产品中吸取营养物质而生长繁殖,而且还能使微生物细胞内的水分外渗,造成"生理干燥"现象,使微生物处于休眠状态或死亡。这是盐渍加工品得以较长时间保藏的主要原因。

　　盐渍加工时，食盐的浓度越高，其防腐效果越大。但是，高浓度的食盐溶液会引起强烈的渗透作用，蔬菜就会因为细胞的骤然失水而皱缩，所以盐渍加工时食盐的用量不宜过多，为了避免皱缩，可以采取分次加盐的方法。其中食盐在盐渍中的作用有以下几个方面：

（一）食盐的防腐作用

　　食盐溶液具有较高的渗透作用，能够抑制一些有害微生物的活动。一般微生物细胞液的渗透压力在 0.35~1.7MPa，1%的食盐溶液就可产生 0.62MPa 的渗透压力。当食盐溶液的渗透压力大于细胞液的渗透压力时，细胞内的水分就会向外流出，使细胞脱水，导致微生物细胞发生质壁分离，迫使其生理代谢活动处于假死或休眠状态，使之停止生长或死亡。在泡菜生产实践中，含盐量一般在 10%以上，这可以产生 6.18MPa 以上的渗透压力。这样强大的渗透压力能够有效地抑制一些有害微生物的活动，对盐渍品可以起到较长时间的保存作用。

（二）食盐对微生物的毒性作用

　　食盐溶液中的 Na^+、K^+、Ca^{2+}、M^{2+} 和 Cl^- 等在浓度较高时对微生物会产生毒作用，抑制微生物的生命活动，从而使盐渍品能长期保存。

（三）食盐的增进制品风味作用

　　在盐渍过程中，由于食盐的高渗透压作用，蔬菜组织中含有的部分水分与可溶性物质从细胞中渗出，这一方面为发酵初期增加了必要的营养物质，另一方面排出了不良气味。与此同时，盐分也会渗入蔬菜组织，增进制品风味。

二、发酵原理

　　泡菜的生产是利用食盐的高渗透压作用，以乳酸菌为主的微生物发酵过程。在蔬菜腌制过程中的微生物发酵主要是乳酸发酵，其次是酒精发酵，醋酸发酵非常轻微。

（一）乳酸发酵

乳酸发酵是在腌制过程起最主要的发酵作用，它是在乳酸菌作用下进行的。乳酸菌是嫌气性细菌，其种类很多且大量存在于空气中和原料表面。各种泡菜在腌制过程中的乳酸发酵作用，主要是借助这些天然乳酸菌进行的。乳酸菌主要以单糖（葡萄糖、果糖、半乳糖）和双糖（蔗糖、乳糖）为底物，主要发酵产物是乳酸。乳酸发酵在生化机制上分为两类，一是同型乳酸发酵，其主要产物是乳酸（80%以上）；二是异型乳酸发酵，其产物包括乳酸（约50%）、乙醇及二氧化碳。

1.同型乳酸发酵

同型乳酸发酵又叫正型乳酸发酵，主要是乳酸链球菌、一些乳酸杆菌。葡萄糖通过EMP途径糖酵解，生成2分子丙酮酸，再经乳酸脱氢酶催化，还原生成乳酸，不产生气体。正型乳酸发酵只生成乳酸，产酸量高。参与正型乳酸发酵的有植物乳杆菌和小片球菌，除葡萄糖外，还能将蔗糖等水解成葡萄糖后发酵生成乳酸。发酵的中后期以正型乳酸发酵为主。同型乳酸反应式如下：

$C_6H_{12}O_6$（葡萄糖）$\rightarrow$ $2CH_3CHOHCOOH$（乳酸）

2.异型乳酸发酵

异型乳酸发酵主要是明串珠菌属的乳酸菌，以及一些乳杆菌，如肠膜明串珠菌、短乳杆菌、甘露醇乳杆菌以及根霉。葡萄糖先经过HMP途径生成乙酰磷酸和3-磷酸甘油酸，前者还原生成乙酸和乙醇，后者通过EMP途径生成乳酸。1分子的葡萄糖生成1分子乳酸、1分子乙醇和1分子CO_2。乳酸菌的异型发酵反应式如下：

$C_6H_{12}O_6$（葡萄糖）$\rightarrow$ $CH_3CHOHCOOH$（乳酸）+C_2H_5OH（乙醇）+CO_2（二氧化碳）↑

异型乳酸发酵六碳糖除产生乳酸外，还有其他产物及气体放出。肠膜明串珠菌将葡萄糖、蔗糖等发酵生成乳酸外，还生成乙醇及二氧化碳。肠膜明串珠菌菌落黏滑，呈灰白色，常出现在发酵初期，产酸量低，不耐酸。如果黏附于蔬菜表面，会引起蔬菜组织变软，影响品质。

短乳杆菌由于没有乙醇脱氢酶，不能使乙酰磷酸还原为乙醇，而是将其水解成乙酸。它除将葡萄糖发酵生成乳酸外，主要生成乙酸、二氧化碳和甘露醇。

在蔬菜乳酸发酵初期，大肠杆菌也参与发酵，将葡萄糖发酵产生乳酸、醋酸、琥珀酸、乙醇、二氧化碳与氢等产物，也属于异型乳酸发酵。

发酵前期以异型乳酸发酵为主，除了产生乳酸，还能产生一些乙醇和二氧化碳。异型乳酸发酵菌一般不能耐酸，随着泡菜酸度增加，异型乳酸发酵结束，进入同型乳酸发酵。异型乳酸发酵多活跃在泡菜乳酸发酵初期，可利用其抑制其他杂菌的繁殖；虽产酸不高，但其产物乙醇、醋酸等微量生成，对腌制品的风味有增进作用；产生二氧化碳放出，同时将蔬菜组织和水中的溶解氧带出，造成缺氧条件，促进正型乳酸发酵菌活跃。

乳酸菌常附着于蔬菜上，即使洗涤也不被除去，在泡菜制作过程中，乳酸菌利用的养料主要是蔬菜的可溶性物质和部分泡渍液浸出物。但是蔬菜附生微生物还有酵母菌、丁酸菌、大肠杆菌和一些霉菌，所以利用野生菌酿制泡菜，存在生产周期长、卫生条件差、产品质量不稳定等问题。因此，为使乳酸菌迅速生长繁殖，应根据乳酸菌的生理特性创造最佳生长条件。首先，在泡渍液中加入适量的糖类物质，使其获得足够的碳源和能源。其次，泡渍液应尽量充满发酵容器，出口加盖水封层创造厌氧条件，既满足乳酸菌厌氧发酵的要求，又抑制好氧细菌和霉菌的生长。发酵中期由于乳酸菌生长并产酸，可抑制虽属厌氧菌但需要中性或碱性条件才能生长的丁酸菌和其他腐败细菌。泡渍液中的食盐也抑制了不耐盐的微生物污染。最后，乳酸菌为中温微生物，在中温条件下发酵也抑制了高温和低温微生物的干扰。泡菜的乳酸发酵一般可分为微酸、酸化和过酸三个阶段。泡制初期，乳酸菌与其他附生微生物共生。但在厌氧环境下乳酸菌占优势，并因产酸使泡渍液呈微酸性抑制了腐败微生物的生长。

在泡制中期乳酸菌大量生长时，乳酸含量猛增，达到酸化阶段。在泡制后期当乳酸量继续富集直至反馈抑制乳酸菌生长时，即进入过酸阶段。在过酸阶段，因为乳酸菌等微生物几乎进入休眠期，可有效保持产品的货架期。由于酸度过高口感较差，在酸化阶段产品风味最好，为最佳食用期。通常情况下成品泡菜的 pH 值控制在 3.0、乳酸控制在 1%左右效果最佳。

乳酸发酵是蔬菜腌制的主要变化过程，乳酸发酵进行的好坏与泡菜的品质有极密切的关系。泡菜生产过程中不同时期有不同乳酸菌发挥作用，每一阶段都有主导的乳酸菌。乳酸菌的繁殖速度及每种乳酸菌的繁殖时间与其他因素有关，影响乳酸菌活动的主要因素是食盐浓度，确定食盐浓度是蔬菜腌制中的一个重要问题。食盐浓度不仅决定了它的防腐能力，而且明显影响乳酸菌的生产繁殖，从而影响泡菜的风味和品质。

在实际生产过程中，乳酸发酵还受到水分、发酵温度、氧气和酸度等因素的影响。

水是地球上一切生物生存繁衍必备的先决条件，乳酸菌也必须在一定的湿度（即水分）下才能生存。科学研究发现，不同乳酸菌种类的耐水性是不同的，但基本都可以在干燥条件下存活 1 年以上。

食盐浓度越低，泡菜发酵开始得越早，乳酸发酵完成得也就越早。例如，食盐浓度为 6% 的时候，24h 内就可产生气体，到了第 9d 发酵就可停止；食盐浓度为 8% 时，第 5d 才开始产生气体，至第 12d 发酵停止；当食盐浓度为 10% 时，第 6d 开始发酵，到第 18d 发酵方能结束。一般来说，乳酸菌所能忍受的最高浓度的盐液大于绝大多数有害微生物所能忍受的浓度。在实际生产中，高发酵的腌制品，如腌制酸白菜、泡菜，在发酵过程中产生较多的乳酸。因此，要严格限制食盐的用量，其防腐作用主要是通过产生大量乳酸，降低料液的 pH 值来实现的。对轻微发酵制品则需添加较多的食盐，以使乳酸发酵缓慢进行，使制成品含酸量不至于过高。

任何微生物都必须在一定的温度范围内才能生存、活动，温度过高或过低都不利于它们的生存和繁衍。所以，通过提高或者降低温度就能够有效控制乳酸菌发酵时间，从而掌控泡菜的成菜速度和成品品质。实践证明，温度过高或过低都对乳酸的生成不利，乳酸菌生存和活动的最佳温度是 26℃~30℃。在此范围内泡制的泡菜，不仅生产周期最短、营养素流失最少，综合品质也最好。但是在 30℃~35℃ 的温度下，其他有害微生物也易生长繁殖，造成产品质量下降；同时若腌制温度在 35℃ 以上，容易使泡菜褐变、脆度下降，如泡制包心菜（四川叫莲花白）的温度超过 37℃ 时，蔬菜色泽明显变暗，甚至变黑、变软。冬季由于气温较低，发酵周期又需相应延长，因此将发酵温度控制在 20~25℃ 为宜。同时需要注意的是，温度与含盐量相互制约，当发酵温度偏高时，所有微生物均繁殖迅速，因此可以利用乳酸菌耐盐性强的特点，提高发酵环境的食盐浓度。而在发酵温度偏低时，各种微生物繁殖缓慢，又可适当降低食盐浓度，这样能达到缩短生产周期的目的。

一般来说，氧气是生物包括微生物生存繁衍的基本条件之一。然而，乳酸菌是一类特殊的微生物。大多数情况下，乳酸菌是在厌氧情况下生存繁殖，属厌氧微生物。因此，在制作泡菜时应尽量装满容器，以减少容器内的空气。

泡菜腌制时有多种微生物参与发酵，各种微生物的活动均受 pH 值的影响。控制 pH 值不仅可以保证乳酸菌的良好生长，还可以防止蔬菜腌制过程中有害微生物的生长繁殖。乳酸菌能耐受强酸性环境，而细菌类均不能在低 pH 值中生存。酵母菌和霉菌虽较乳酸菌耐酸，但因其为好氧生长，在乳酸发酵时不能活动。此外，乳酸在 pH 值 5.2 时能有效地破坏沙门菌，pH 值 4.27 时可抑制葡萄球菌的生长，pH 值 2.43 时乳酸具有杀菌作用，pH 值 2.94 时乳酸有抑菌作用。因此，发酵初期控制在较低的 pH 值，使乳酸菌迅速繁殖产生大量的乳酸，使环境中的 pH 值进一步下降，能有效达到抑制有害微生物生长的目的。

含糖量在 1%时，植物乳杆菌与发酵乳杆菌的产酸量明显受到限制，而肠膜明串珠菌与小片球菌已能满足其需要；含糖量在 2%以上时，各菌株的产酸量均不再明显增加。供腌制用的蔬菜的含糖量应以 1.5%~3.0%为宜，偏低可适量补加食糖，同时还应采取揉搓、切分等方法使蔬菜表皮组织与质地适度破坏，促进可溶性物质外渗，从而加速发酵作用。

（二）酒精发酵

在蔬菜腌制过程中，同时也伴有微弱的酒精发酵作用。蔬菜表面附着的野生酵母菌在一系列酶的作用下，通过复杂的化学变化，如葡萄糖磷酸化，生成活泼的 1,6-二磷酸果糖，1 分子的 1,6-二磷酸果糖分解成 2 分子的磷酸丙酮，3-磷酸甘油醛转变成丙酮酸，丙酮酸脱羧成乙醛，乙醛在乙醇脱氢酶的催化下，还原成乙醇，同时生成二氧化碳。简单反应式为：

$$C_6H_{12}O_6 \rightarrow 2CH_3CH_2OH + 2CO_2\uparrow$$

酵母菌的酒精发酵过程为厌氧发酵，所以发酵要在密闭无氧的条件下进行。如果有空气存在，酵母菌就不能完全进行酒精发酵作用，而部分进行呼吸作用，把糖转化成 CO_2 和水。

（三）醋酸发酵

醋酸发酵是由于好气性醋酸菌或其他细菌的活动而形成。在蔬菜腌制过程中也有微量醋酸形成，极少量的醋酸不但无害反而有益于提高制品的品质，有利于提高产品的防腐能力，微量的醋酸还能改善产品的风味。正常情况下，醋酸积浓度 0.2%~0.4%，这可以增进产品品质，但是在醋酸形成量过多时会影响成品品质，如榨菜制品，若醋酸含量浓度 0.5%，表示产品酸败，品质下降。醋酸的主要来源是醋酸菌氧化乙醇而生成，这一作用称为醋酸发酵。醋酸菌仅在有氧条件下才能将乙醇氧化成醋酸，因此腌制时要及时将制品装入坛中封口，隔绝空气，以防产生过多的醋酸。但像大肠杆菌等细菌在无氧条件下也会分解糖而生成醋酸，需引起注意。

三、渗透作用

（一）渗透作用的原理

由于高浓度的食盐溶液具有很高的渗透压,而蔬菜细胞中的细胞质也具有一定的渗透压。蔬菜细胞在等渗溶液中时，不发生互相渗透；如果蔬菜在食盐溶液中，蔬菜细胞内的液体，尤其是水，会迅速向外渗透，食盐溶液也相应地渗入蔬菜细胞内，最终达到蔬菜内外食盐浓度的平衡。显然，泡菜加工过程中的渗透作用与蔬菜细胞的构造有直接关系。

蔬菜细胞是一个渗透系统，水既可以进入细胞，也可以从细胞中溢出，在泡菜的制作过程中，蔬菜细胞和食盐溶液之间发生了渗透作用。由于食盐溶液中的水势（即水的化学势）低于蔬菜细胞液中的水势，细胞液中的水分向外渗出，细胞中液泡体积变小，细胞液对原生质层和细胞壁的压力也减小。由于细胞壁和原生质层都具有伸缩性，这时整个细胞的体积便缩减一部分，但是因为细胞壁的收缩性有限，而原生质层的伸缩性较大，所以当细胞壁停止收缩后，原生质层仍然能够随着细胞液的水分外流而继续收缩；最后使原生质层与细胞壁完全分开并出现很大的空隙，就发生了所谓的"质壁分离"现象。这种现象一般发生在蔬菜泡制加工的初期，大量的细胞液水分外流，对清除蔬菜中的辣味,改善泡制品的风味具有重大的意义。当蔬菜泡制进入中后期，由于盐溶液缺氧，蔬菜细胞失活，导致原生质膜由半透性变为全透性，因而加大了外界泡渍液的渗透作用，经过这样不断的互相渗透，直至达到渗透压平衡。泡菜的加工，正是利用了溶液的这种渗透性质，使调味液等溶液凭着较高的渗透压穿透细胞间隙和细胞壁，进入菜坯的细胞中,并把菜坯中的水分、气体置换出来，使蔬菜细胞中渗入大量的美味成分并恢复膨压。当料液渗入达到一定浓度时，就可得到各种风味的、成熟的泡菜制品。

（二）影响渗透作用的主要因素

在泡菜的泡制过程中,发酵作用和渗透作用进行得越快,泡制的进程就越快。因此,泡菜的加工多采用自然渗制工艺。然而，这种自然渗制过程是比较缓慢的，它受到各种条件的限制和影响，其中最主要的因素有以下几个：

1.菜坯的细胞结构

菜坯的细胞结构对泡菜的渗制加工影响最大，而蔬菜的品种繁多，细胞结构各异。例如，（1）成熟度高的蔬菜比幼嫩的蔬菜渗透作用慢。成熟细胞比幼年细胞内含气体多，而细胞中的气体是渗制的最大障碍，它可阻碍料液分子的渗透。因此，菜质鲜嫩的原料有利于渗制，如空心萝卜是不能制作好泡菜的，这便是气体梗阻的结果。（2）细胞壁含角质纤维素少的蔬菜比含角质纤维素多的蔬菜易于渗制。一般蔬菜表面细胞的细胞壁均含角质纤维素较多，所以整菜不如碎菜易于渗制。（3）细胞排列致密的蔬菜原料要比排列疏松的不易渗制。（4）料液沿毛细管渗制比沿细胞间隙、细胞壁渗制要快得多。料液沿竖向渗制比沿横向渗制快得多，如蒜米沿蒜脐比沿蒜米其他有薄膜屏蔽的地方渗制快几十倍至几百倍。这主要是由于蔬菜在生长过程中形成的由叶茎、根系、毛细管、细胞组成的干支配合的新陈代谢网络。因此，沿干线比沿支线渗制快得多。

2.料液浓度

在渗制过程中，渗制速度往往取决于渗透压的大小。一般来说，渗透压的大小取决于溶液的浓度。因此，在实际泡菜生产中，在一定的浓度范围内，料液浓度越大，渗制速度就越快；但当料液达到一定浓度以后，其浓度越高，则渗制速度会减慢。这是因为渗透压差大到一定程度后，剧烈的渗透作用导致蔬菜组织骤然失水，进而造成细胞壁收缩、变形，发生过度皱缩，反而阻塞了渗透通道的继续渗透。同时，料液的浓度越大，则蔬菜组织与泡渍液内可溶性物质的浓度达到平衡所需要的时间也就越长，这不仅影响了渗制的速度，同时也影响制成品的外观，制品很不饱满。

3.温度

渗透压不仅与料液的浓度相关，同时也与料液的温度成正比关系。就温度来说，每升高 1℃，渗透压就会增加 0.30%~0.35%。所以，温度越高，料液分子渗入菜坯的速度就越快。因此，为了加快泡渍速度，就必须尽可能在较高的温度条件下进行。泡渍的温度并不是无限制的，因为温度的升高虽然加速了泡渍速度，但是过高的温度也会产生一些不良后果，如温度过高会造成原果胶酶活性增强而影响脆度，使制品口感变软；还可以使蛋白酶遭到破坏，影响蛋白质的转化，致使制品丧失鲜味,而产生一些难闻的气味。长时间的高温还会使制品色泽加深，光泽减退。因此，在实际生产中，必须根据生产工艺及品种要求，对温度加以控制。乳酸发酵较强烈的制品，一般以 15℃~25℃为宜；乳酸发酵较弱的制品，一般不需要对温度加以控制。温度的变化对生产周期的长短与产品质量的优劣亦有直接关系。室外露天泡制因季节不同,温差大或高温等都对产品质量不利。温度低于0℃时,不仅会延长生产周期,而且产品质量也会受到影响。

4.空气

在泡制过程中,空气的影响作用主要表现在两个方面:一是氧气对一些好气性微生物(主要是霉菌和有害酵母)的生长繁殖有利;二是能使维生素C氧化,造成维生素C的损失。因此,在蔬菜泡制加工过程中,应尽量减少菜体与空气接触,保持嫌气缺氧状态。嫌气状态有利于乳酸发酵,防止菜体腐败,使维生素C保存得更好,还可减轻泡制品颜色的变化。例如,黄瓜、芸豆、芹菜等蔬菜暴露在空气中,就会失去鲜绿的颜色,使菜品的色泽变暗或失去光泽;而且空气能使一些霉菌生长,导致泡制品风味变劣、表皮腐烂、质地变软。因此,在泡制过程中,尽量使菜体与空气隔绝,以减轻其氧化作用。

5.原料质地

为了使泡制过程中能够产生足够的乳酸,泡制原料的最低含糖量应为1.5%~3%。对含糖量较少的原料,在进行发酵性泡制时,应适量加入一些蔗糖。原料表皮组织的状况,也会影响渗制和发酵作用。在实际生产中,对原料适当加以处理,如去皮、切分、揉搓以及热烫等,泡制开始后,蔬菜细胞内的可溶性物质迅速外渗,从而缩短渗制时间并促进发酵作用。

蔬菜在泡制过程中,由于多方面的作用,其品质、结构都发生了很多变化,而影响这些变化的因素又是多方面的。因此,在确定其加工方法时,必须合理地兼顾各个方面的影响因素,而不能单一考虑某一个方面。只有这样,才能生产出品质优良、风味美好的产品。

四、防腐原理

（一）泡菜变质原因

当蔬菜表皮组织受到昆虫刺伤或其他机械损伤时,其表皮外覆盖的一层具有防止微生物侵入作用的蜡质状物质即遭到破坏,即使是肉眼觉察不到的极微小的损伤,微生物也会从此侵入并进行繁殖,从而导致蔬菜溃烂变质。

泡菜在加工过程中发生的各种变化以及成品的变质,主要也是这些微生物生长繁殖的结果，引起蔬菜变质的有害微生物主要是霉菌、酵母菌及其他细菌。

霉菌类中主要是青霉类菌。在加工过程中，由于青霉的作用，制品出现生霉现象。当霉菌侵入蔬菜组织后，细胞壁的纤维素首先被破坏，进而分解蔬菜细胞内的果胶、蛋白质、淀粉、有机酸、糖类，使之成为更简单的物质。它不仅使泡菜质地变软，而且使细菌开始繁殖。霉菌生长的部位大部分在盐液表面或菜缸、菜池的上层，因为它们的生长繁殖都需要氧气，能耐很高的渗透压，抗盐能力很强。因此，制品极易被污染。

细菌类中危害最大的是腐败菌。在加工过程中，如果食盐溶液浓度较低，就会导致腐败细菌的生长繁殖，使蔬菜组织蛋白质及含氮物质遭到破坏，生成吲哚、甲基吲哚、硫醇、硫化氢和胺等，产生恶臭味，造成泡制品的腐烂变质；有时还可生成一些有毒物质，如胺可以和亚硝酸盐生成亚硝胺，而亚硝胺是致癌物质。

（二）有机酸的防腐作用

在泡菜的加工过程中，上述有害微生物的作用是次要的，其主要发生在泡制的初期。这些微生物的活动，由泡制过程中一些对泡制有利的微生物的发酵作用产生有机酸等物质来加以抑制。蔬菜泡制时的主要发酵作用是乳酸发酵作用。乳酸发酵作用的微生物主要是乳酸菌。乳酸菌是产生乳酸的菌类的总称，其种类很多，形状有球状、杆状等，它是一种厌氧菌。乳酸菌广泛存在于空气中，蔬菜表面和加工用水中也含有大量的乳酸菌。在泡菜加工过程中，各种泡制品除非用盐量过大而使发酵作用停止外，都存在由乳酸菌引起的乳酸发酵，此外还有轻度的酒精发酵和微弱的醋酸发酵，这三种发酵对抑制微生物的生长有非常重要的作用。

在泡菜加工过程中，正常发酵最主要的产物是乳酸、醋酸和乙醇等，同时放出二氧化碳气体。酸和二氧化碳能使泡菜局部环境的 pH 值下降，酸度增加。二氧化碳还能隔绝氧化作用。这些都起到抑制有害微生物生长的作用，这就是利用微生物的发酵作用防止蔬菜泡制品腐烂变质的原因。

泡渍环境中的酸度对微生物的活动有极大的影响。这是因为每一种微生物生长繁殖所能适应的 pH 值都有一定的范围，如果环境的 pH 值过低或过高，则微生物细胞中的很多组分被破坏，微生物便受到抑制或死亡。同时，不同种类的微生物对 pH 值的适应性各不相同。各种微生物所能忍受的最小 pH 值范围是：乳酸菌为 pH 值 3.0~4.0，酵母菌为 pH 值 2.5~3.0，霉菌为 pH 值 1.2~3.0，丁酸菌为 pH 值 4.5，大肠杆菌为 pH 值

5.0~5.5，腐败菌为 pH 值 4.4~5.0。在 pH 值 4.5 以下时，腐败菌、大肠杆菌、丁酸菌均不能正常生长，因此泡渍环境 pH 值在 4.5 以下可达到防腐的目的。在这种情况下，乳酸菌、酵母菌及霉菌都还可以生长繁殖，但后两种菌都是好气性微生物，在厌氧条件下是不利于生长的。因此，在加工过程中，泡菜的容器要装满压紧，盐水要淹没菜体，并要密封。这样发酵迅速，能排出大量的二氧化碳，使菜内的空气或氧气很快排出，造成贫气的环境。这样不仅能够抑制有害微生物的生长，同时也可创造一个有利于乳酸发酵的条件，促使乳酸迅速生成。

在实际生产过程中，乳酸发酵还要受到食盐浓度和发酵温度等因素的影响。

酸度对微生物活动的影响大体可分为三个阶段。泡制的第一阶段，由于酸度较低，乳酸菌和酵母菌大量繁殖并产生发酵作用，一些有害微生物如丁酸菌以及一些腐败菌也同时繁殖。这时，为了抑制一些有害微生物的繁殖，可适当提高发酵初期的温度，促使乳酸迅速生成，提高泡渍环境的酸度。泡制的第二阶段，由于乳酸的积累逐渐增多，一些不抗酸的有害微生物的活动逐渐减弱至停止。乳酸菌及酵母菌进一步活跃，并产生大量的乳酸与少量乙醇（酒精）。此时，可适当降低发酵温度，以促进风味的提高。泡制的第三阶段，由于酸度的增高，使乳酸菌的活动逐渐受到抑制，发酵活动也随之结束。

（三）食盐的防腐作用

在泡制过程中蔬菜会浸在较高浓度的盐水中。食盐具有很强的渗透作用，1%的食盐溶液就会产生 $6×10^5$ Pa 的渗透压力。而一般微生物细胞内的压力在（3.4~16.4）× 10^5 Pa。一般细菌也不过 (2.9~15.7)× 10^5 Pa。由于微生物的细胞结构和蔬菜植物细胞结构相似，它也具有一层半渗透性膜。微生物的细胞液、原生质和食盐溶液便构成一个渗透系统，它起着调节细胞内外渗透压平衡的作用。微生物在等渗压的食盐溶液（即溶液中的渗透压与微生物细胞内的渗透压相等时）中，代谢活动仍可正常进行，其细胞也可保持原有形状而不发生变化。但当食盐溶液的渗透压大于微生物细胞液的渗透压时，细胞内的水分就会渗透到细胞外面，造成微生物细胞失水。脱水后的微生物细胞，由于其代谢活动呈抑制状态，被迫停止生长或死亡。在泡菜的加工过程中，含盐量一般都在 8% 左右，因此可产生 $4.8×10^6$ Pa 的压力，远远超过了一般微生物细胞液的渗透压力，从而有效抑制了一些有害微生物的繁殖。

另外，由于食盐在水溶液中离解的离子发生了水合作用，使食盐溶液中的游离水大为减少。其浓度越高，食品的水分活性则越小。水分活性的降低，也可以抑制一些有害酵母和细菌的活动。据有关资料介绍，当水分活性接近 0.9 时，绝大多数细菌的生长能力已经很微弱；当水分活性降到 0.88 时，酵母菌的生长就要受到严重影响，而霉菌要降到 0.8 时才受影响。水分活性的下降使微生物得不到足够的自由水，其生命活动就受到抑制。所以降低水分的活性是食盐能够防腐的又一重要原因。

抑制微生物生长所需要的食盐浓度，还要依据微生物的种类而有所不同。这是因为各种微生物都有一个最适宜的渗透压，也就是说具有耐受不同食盐浓度的能力。一般有害微生物的耐盐力较差，如 3% 的食盐溶液对丁酸菌和大肠杆菌就有着十分明显的抑制作用，在 8% 的盐液中，大肠杆菌、丁酸菌就已完全处于抑制状态。但有些有害菌耐盐力较强，如酵母菌和霉菌，它们在 20% 的中性食盐溶液中还可以活动，而在 20%~25% 的盐溶液中，才受到抑制。一般来说，18%~25% 盐溶液才能完全阻止微生物的生长。蔬菜泡制方法就是设法使有害微生物细胞处于无法适应的高渗透环境中，其原生质脱水，发生质壁分离而得到抑制。

另外，食盐溶液中的一些离子在高浓度时，能对微生物产生生理毒害作用，如钠离子能和细胞原生质中的阴离子结合，氯离子能和细胞原生质结合，抑制微生物的活动，食盐溶液还能使微生物所分泌出来的酶的活性遭到破坏，以组织微生物对蔬菜营养成分的破坏。高浓度的盐液还可使氧气很难溶解在盐水中，从而使好气性微生物受到抑制。

但是，对于泡菜制品来说，食盐浓度不仅决定了它的防腐能力，而且对泡菜的品质风味也有直接影响。由于食盐对心血管疾病所产生的影响，当前人们越来越偏重食用低盐食品。因此，仅靠提高食盐的浓度来解决泡菜制品的防腐问题显然是不行的，还要依靠乳酸发酵和添加一些香料和调味品等来提高泡菜制品的防腐能力。

（四）香料与调味品的防腐作用

蔬菜在泡制加工时，常常加入一些香料和调味品，如大蒜、生姜、醋、酱、糖等。它们不但起调味作用，而且还具有不同程度的防腐能力。

如前所述，大蒜含有蒜氨酸，在大蒜细胞破碎时，蒜氨酸便在细胞中蒜氨酸酶的作用下分解出一种具有强烈杀菌作用的挥发性物质——蒜素；十字花科蔬菜中的芥子苷所分解出的芥子油苷，也具有很强的防腐能力。泡制时常用的香料如花椒、胡椒、辣椒和生姜等，都含有相当数量的芳香油，芳香油中有些成分具有一定的杀菌能力；而调味品中的醋可以使环境的 pH 值下降（即酸度增加）；糖由于渗透压很高，可以抑制有害微生物的生长，具有保存泡制品的作用。

第三节　朝鲜族传统泡菜的原料组成

朝鲜族传统泡菜的原料大体上由主原料、辅料、香辛料及调味料等四个部分组成。

一、主原料

朝鲜族传统泡菜的主原料由植物性和动物性两种组成。具体有以下几种：

1.植物性由白菜、萝卜、小根萝卜、黄瓜、茄子、芥菜和英菜为主。

2.动物性材料有鱼类和肉类两种。鱼类有牡蛎、鲍鱼、鳕鱼等，而肉类有牛肉、鸡肉等。一般肉类选用脂肪含量较少的畜产畜禽肉类。

二、辅料

辅料由植物性和动物性两大类组成。植物性又分为蔬菜类、坚果类、水果类、谷物类等。动物性分为鱼类和肉类。

1.蔬菜类一般包括当地时令蔬菜，如萝卜、韭菜、水芹菜、胡萝卜、香菜等。蔬菜不仅增加色彩，还可以增强各种维生素、矿物质、黄酮类、多酚类、甾醇类等植物来源的营养与功能因子。

2.坚果类由松自、栗子、银杏仁等组成。其含有各种对身体有益的脂肪酸。

3.水果类有梨、苹果梨、苹果等。水果中的糖分可以促进发酵初期有益菌的生长，有机酸类可以起到在发酵初期抑制有害菌的作用。水果中的果糖和葡萄糖等糖分和苹果酸、柠檬酸等有机酸可以调节泡菜的糖酸比，增强其口感。

4.谷物类有糯米粉，起到给发酵微生物提供营养，同时增加调味料黏稠性和表面亮度的作用。

5.鱼类一般使用牡蛎、鱿鱼、虾米、鳀鱼等，发酵成鱼酱，但是最近一般用鱼露。

6.肉类一般用当地特产的黄牛肉，还有鸡胸脯肉等脂肪含量较少的禽类肉。

以上的动物性辅料主要起到提鲜和增强蛋白质、氨基酸、动物来源的维生素等营养的作用。

三、香辛料

一般使用当地生产或者特产的香辛料为主。例如，大蒜、大葱、香葱、生姜、红辣椒粉、香菜籽粉、苏子粉、芝麻等，其主要起到增香的作用，赋予泡菜浓郁而丰厚的风味，也起到增强营养和生理功能的作用。

四、调味料

朝鲜族传统泡菜除了香辣味之外，还有酸甜，咸鲜的味道。其主要来自食盐、酱油、饴糖、蔗糖、发酵海鲜酱及各种鱼露等。

第四节　朝鲜族传统泡菜加工技术

朝鲜族传统泡菜种类繁多，按照原料的不同，主要分为四大类：根茎类、叶菜类、瓜果类和其他类。其中以辣白菜为代表的叶菜类泡菜，最为普遍，消费也最多。下面重点介绍辣白菜的制作工艺。

一、原辅料的准备

主料：白菜，一般以 2.5~6kg 重量的白菜为宜。

辅料：泡菜专用盐、上等的红辣椒粉（粗细要适度）、大蒜、生姜、大葱、洋葱、萝卜、胡萝卜、梨或苹果、水芹菜、韭菜、虾酱、鱼露、香菜籽粉、糯米粉等。不同腌制者、不同时期、不同方法，所采用的辅料的种类和比例都不一样，辣白菜的口感、风味都不一样，但食盐、辣椒粉、大蒜和生姜是最基本的辅料。

二、辣白菜参考配方（仅供参考）

（一）主料

白菜 30kg，粗盐 3kg，水 15kg。

（二）辅料

萝卜 4.5kg，葱白 400g，芥菜 1kg，水芹菜 600g，大葱 400g，蒜 400g，生姜 100g，辣椒面 800g，虾酱等海鲜酱 250g，适量的盐和白糖。

三、加工工艺及方法

辣白菜（泡菜）腌制的工艺特点就是对主材料进行初腌制，然后将辣椒粉、蒜泥、姜泥等混合制备的调味酱调入经初腌制的材料中，再次进行发酵的两阶段发酵工艺。

（一）初腌制工艺流程

白菜→整理→切割→初腌制→清洗脱盐→控水→备用

（二）调味酱的制备

1.用温水浇烫辣椒粉，备用。

2.将大蒜、生姜、大葱、洋葱、萝卜、胡萝卜、梨等辅料剥皮，水洗之后控干，绞碎成泥状或条状等，备用。

3.烧开水，溶解食盐，放凉备用。

4.用凉水调开糯米粉，加热制成糯米糊，备用。

5.将上面的辅料和食糖或盐按一定比例混合，搅拌均匀，调节咸淡和甜度，以及黏稠度。

上述方法中，辅料可以减少，也可以按嗜好增加。

（三）调入调味酱及发酵（再腌制）

1.经初腌制的白菜放在平底的盘中，将叶子一片一片翻开，从里往外，叶子内外，均匀地涂抹调味酱。涂抹的量根据个人口味掌握，一般薄薄地涂抹一层调味酱，外观艳红即可。

2.在容器中将涂完调味酱的菜坯一层一层码放。注意一定要紧实，挤出空气。如果白菜切开，将切口朝上码放。

3.加入调制好的盐水，直到没过菜坯为止。

4.如装在缸里，可以用重物压实，防止白菜上浮；装在保鲜盒里，盖上盖子；装入塑料袋，挤出空气之后密封袋口。

5.放置在10℃~15℃的冷藏柜发酵10~15d。

第五节　朝鲜族传统泡菜工厂化生产技术

一、工艺流程

工厂化生产辣白菜的工艺包括水处理、白菜初腌制、调味酱的配制、拌入酱料及包装、入库发酵、流通等。其流程如下：

白菜整理→切割→初腌制→清洗→沥干→调料混合→包装→发酵→成品

二、操作要点

（一）白菜的整理、切块

挑选鲜嫩的白菜，把黄色的叶子摘掉，粗大的白菜帮切成四块，小的切成两半。工业化生产时利用切割机进行切割。

（二）腌制

腌制是将适量浓度的盐均匀渗透到白菜组织内部的过程。腌制可使白菜脱水，体积变小，同时盐水渗入白菜体内，白菜组织中的空气排出，使白菜质地紧密，菜叶发软，富有弹性和韧性；在加工处理时，菜帮和菜叶不易折断。腌制还能够抑制有害微生物的生长，提高贮藏性。

腌制过程对泡菜质量的影响非常大。腌制过重，盐渗入得多，味咸，白菜组织过硬；腌制不够则水分多，泡菜容易发酸。腌制的好坏决定于原料（收获期、品种、生长特性等）、用盐量、腌制温度、时间、挤压、翻转次数等诸多因素影响。因此，根据白菜的特性确定最佳的腌制条件是至关重要的。

腌制的方法有干腌法、湿腌法和混腌法。

1.干腌法

干腌法是在清洗后的白菜各叶片之间撒盐堆放的方法。虽然简便，但是难以大量、均匀处理，每棵白菜之间盐的浓度差异较大。一般家庭制作泡菜，且量少时适用。

2.湿腌法

腌制缸中堆放白菜，用重物压上后，泡在一定浓度的盐水中。湿腌法的优点是缸与缸、上下部之间盐浓度较均匀，有利于标准化和自动化；缺点是白色部分较难腌透。

3.混腌法

将白菜撒盐后堆放，用重物压上后，倒水。此种方法缺点是缸与缸之间、同一缸中上下部之间，盐浓度差异较大。

工业化生产常用湿腌法进行腌制。温度越高，盐浓度和时间降低。一般夏季腌制时盐浓度为6%～8%，腌制16h；冬季盐浓度11%，腌制20h。泡菜加工厂场上下部用重物压下，防止白菜浮起，同时白菜的重量、大小要相近，盐水用循环泵回流。家庭制作泡菜常用混腌法或干腌法，因为白色部分盐的渗透速度比绿色部分慢，所以在白色部分多撒盐，而且要上下翻转。

（三）清洗沥干

腌制好的白菜棵里残留的盐水用清水一层一层洗净。把洗净的白菜堆放在干净的板上，沥干表面附着的水分和菜体渗出的水分。

（四）调料混合

1.原材料整理和前处理

萝卜可增加甜味，吸收各种辅料的风味，抑制风味的散发。挑选坚实而光滑的萝卜，去除萝卜须，清洗干净后控干水分，然后切成4cm长的细丝。辣椒面可增添辣味和呈红色的作用，它是使用量最多、最重要的调料。海鲜酱可增添浓厚幽香的味道，但有时带腥味，贮藏时间长则会出现难闻的味道，也会减弱辣椒的红色。一般选择虾酱、凤尾鱼酱等，含盐量20%左右，可调节泡菜的咸淡。择洗葱白、芥菜、水芹菜后切成4cm长的段。大葱只取白色部分粗略地切成段。生姜和蒜去皮清洗后控干水分，放入臼中捣碎。

2.混合

萝卜丝里放入适量的辣椒面，将其搅拌，并将上述已经处理好的辅材料（葱白、芥菜、水芹菜等）和调料（蒜、姜等）、海鲜酱加入，再加入适量的盐和白糖调味，搅拌均匀成颜色红亮、辣甜带酸且较浓稠酱状，备用。

3.抹料

将混合好的调料均匀地抹在每一片白菜叶上，从白菜心开始抹料，直到将外层的叶子抹完，最后用最外层叶包住后，整齐地码在容器中。

（五）包装

最初制作朝鲜族泡菜的目的是延长蔬菜的保存期。如今，泡菜不仅作为过冬蔬菜用，而且成了全年消费的产品，从家庭化开始走向商品化，其保存直接关系到企业的利益。泡菜的包装根据需要可以在发酵前或发酵后进行。包装容器有软塑料、塑料、铁罐、瓷坛子和玻璃瓶。

出口用泡菜拌料包装后冷却到2℃，在冷藏链中流通。国内销售泡菜，小包装后低温流通销售。供应集体食堂的泡菜，拌料后放在大型容器中成熟一段时间后供应。一般家庭将泡菜放置在容器中低温冷藏。朝鲜族传统泡菜在流通销售过程中继续发酵产生气体，包装材料应具有适当的透气性。

（六）发酵

泡菜经过一段时间的发酵后才能呈现真正的风味。工厂生产泡菜，存放在冷藏室进行发酵。一般家庭利用泡菜缸在地窖或储藏室中发酵，但最近几年因居住条件的改变，住在楼房的城市居民将泡菜放置在泡菜专用冰箱进行发酵。泡菜专用冰箱将冰箱内部温度作为发酵标准温度，发酵一段时间后根据所产生的二氧化碳的量再调节发酵温度和时间实行第二次发酵。这样，虽然蔬菜及调料种类和量不同，根据所产生的产物可自动调节发酵条件。例如，维持（15±3）℃成熟后，达到最适发酵状态。调节器感应到产生的气体和有机酸的量，终止加热，转换到冷藏状态。

泡菜发酵受温度、空气、盐浓度等因素影响。泡菜乳酸菌在高盐浓度、低温下不易生长，根据不同条件发酵程度也不同。

1.温度

温度越低，发酵进行得越慢。如在 0℃发酵 60d，或在 10℃发酵 30d 时泡菜基本成熟，味道佳，营养价值也高。

2.空气

因乳酸菌是厌氧菌，泡菜须放置在密封状态下，与空气隔绝。

3.盐浓度

提高盐浓度，发酵成熟的时间也随之延长。一般 2%~3%盐浓度可促进乳酸菌发酵，4%以上盐浓度抑制乳酸菌发酵。

泡菜是活性食品，在运输、流通、销售环节也进行发酵，因此工厂生产的泡菜应充分考虑这些因素，从而调节出库时泡菜的发酵成熟程度。

第六节　朝鲜族传统泡菜的发酵过程中的化学成分与微生物

一、化学成分的变化

朝鲜族传统泡菜发酵后所含有的各种化学成分的组成和含量与新鲜蔬菜有很大不同。这是因为新鲜蔬菜经过腌制，通过物理性的渗透、扩散和吸附等作用造成原辅料之间的成分置换，又有微生物对蔬菜化学成分作用所产生的一系列化学变化。

在泡菜发酵过程中乳酸菌发酵碳水化合物生成乳酸、苹果酸、草酸、丙二酸、琥珀酸、柠檬酸、醋酸等有机酸，还可以生成甘露醇和酯类，其中乳酸、琥珀酸、醋酸及二氧化碳对风味的贡献最大。泡菜的乳酸度为 0.4%~0.8%时，风味最好。

朝鲜族传统泡菜在发酵过程中使蛋白质降解，产生肽类、氨基酸等物质。海鲜酱、牡蛎等添加到泡菜的动物性食品蛋白质含量很高。蛋白质在成熟过程中被微生物利用产生降解产物，游离氨基酸含量增高，提高风味。

脂肪被微生物分解生成挥发性脂肪酸和甘油。维生素含量也发生变化。据研究表明，维生素 A 在成熟过程中含量逐渐减少，B 族维生素 3 周后呈增长趋势，之后再减少到初期含量。维生素 C 含量发酵初期稍微增加后逐渐减少，发酵后期随泡菜品质下降其含量也下降，被空气氧化或加热破坏。酸败时其含量只有初期的 30%。

二、微生物的变化

生产朝鲜族传统泡菜的原材料既包括植物性，也包括动物性材料。在这些原材料表面和内部附着多种微生物，另外空气中、加工用水以及加工设备中也存在微生物，其原因是泡菜生产没有进行杀菌处理，这些微生物将参与泡菜发酵过程。因此，泡菜发酵过程中微生物的种类和数量随环境条件改变和所用原材料不同而发生变化。

（一）朝鲜族传统泡菜的发酵阶段

朝鲜族传统泡菜的发酵分四个阶段进行。

1.第一发酵阶段（发酵起始阶段）

白菜腌制后并拌料最初 5d，好氧性细菌及厌氧性细菌的数量大致相同，微生物数量少，乳酸菌占总菌数比例较低，其他杂菌所占比例较高，乳酸菌生长缓慢，乳酸生成量很低，这时 pH 值为 6.0 左右。

2.第二发酵阶段（第一次主发酵阶段）

这一阶段乳酸菌迅速生长，酸度和乳酸比迅速提高，以异型发酵乳酸菌为主，发酵生成乳酸和醋酸等多种有机酸。在这个阶段泡菜发酵逐步从异型发酵转换到同型发酵，乳酸菌比例迅速增加，杂菌生长受到抑制。这时的酸度达到 0.7%~0.8%，是食用泡菜的最佳时期。

3.第三发酵阶段（第二次主发酵阶段）

随着发酵的进行，乳酸生成量增加，pH 值下降，杂菌生长进一步受到抑制，此时乳酸菌占总菌数的 90% 以上，酸度达到 0.8%～1.2%，酸味加重。

4.第四发酵阶段（后发酵阶段）

这一阶段胚芽乳杆菌等乳酸菌的生长旺盛，酸度升高，生成过量酸，乳酸菌的生长受到抑制，并逐渐消亡，而泡菜表面耐酸性更高的其他微生物如酵母菌、霉菌开始生长旺盛，分解乳酸等有机酸，pH 值升高，泡菜开始腐败。酸度下降，引起其他有害微生物的生长繁殖，生成不愉快的气味，降低了泡菜质量。

（二）朝鲜族传统泡菜发酵微生物

朝鲜族传统泡菜发酵以乳酸菌发酵为主，泡菜各发酵阶段主要微生物如表 3-1 所示。下面重点介绍朝鲜族泡菜发酵过程中起重要作用的两个菌种。

1.肠膜明串珠菌

肠膜明串珠菌在泡菜发酵初期迅速增长，这是泡菜发酵初期主要优势菌种之一。其兼性厌氧、耐盐性低（盐浓度 3%以上时，生长受到抑制），进行异型发酵，生成乳酸和 CO_2 等，从而抑制需氧性细菌的生长。发酵过程中生成甘露醇、葡聚糖等，影响泡菜的风味和组织状态。肠膜明串珠菌耐酸性低，在泡菜风味最佳时此菌的数量达到最高，之后随酸度提高，其生长也受到抑制。

2.植物乳杆菌

随着泡菜发酵的进行，乳酸的生成量增加，pH 值下降，耐酸性低的明串珠菌属生长受到抑制，同时耐酸性强的植物乳杆菌迅速生长。植物乳杆菌进行同型发酵，分解葡萄糖生成乳酸，耐酸性强，泡菜发酵后期也能生长。

表 3-1 朝鲜族传统泡菜各发酵阶段主要微生物

第一发酵阶段	第二和第三发酵阶段	第四发酵阶段
杀鲑气单胞菌	肠膜明串珠菌	植物乳杆菌
野梧桐欧文菌	葡萄聚糖明串珠菌	短乳杆菌
流黑欧文菌	类肠系膜明串珠菌	多形汉森酵母
类志贺邻单胞菌	植物乳杆菌	汉森酵母
无色杆菌	米酒乳杆菌	胶红类酵母菌
蜡样芽孢杆菌	短乳杆菌	膜醭毕赤酵母

第一发酵阶段	第二和第三发酵阶段	第四发酵阶段
环状芽孢杆菌	麦芽香乳杆菌	啤酒小球菌
膜样明串珠菌	戊糖片球菌	马克思克鲁维酵母
乳明串珠菌	粪链球菌	乳酒假丝酵母
类肠系膜明串珠菌	木糖葡萄球菌	枯草杆菌
植物乳杆菌	啤酒小球菌	
木糖葡萄球菌	发酵性酵母	
海洋假单胞菌		

　　盐水腌制产生高渗透压，使蔬菜脱水，体积变小，组织变软；拌入的拌料（含各种调味料、香辛料、鱼虾酱汁等）在渗透压作用下渗入已经柔软的蔬菜组织中，在乳酸菌为主的微生物和酶的作用下，原料和拌料中的各种化学成分发生变化，赋予泡菜特殊的风味和营养价值。

　　泡菜中的微生物发酵主要以乳酸发酵为主，辅以轻度的酒精发酵和醋酸发酵。乳酸的酸味较醋酸柔和，有爽口的功效。泡菜发酵过程中还生成其他有机酸、酒精和酯类、双乙酰、高级酮、CO_2 等呈味物质；鱼虾酱及肉汁中含有的蛋白质受微生物作用和本身所含蛋白质水解酶的作用而逐渐被分解为氨基酸，使发酵后的氨基酸总量显著增多，鱼虾酱中脂肪分解生成挥发性脂肪酸，腥味减少，使泡菜具有清鲜味和芳香味。

　　乳酸菌缺少分解蛋白质的蛋白酶，不能分解植物组织细胞内的原生质，而只利用蔬菜渗出汁液中的糖分及氨基酸等可溶性物质作为乳酸菌繁殖的营养来源，致使泡菜组织仍保持脆嫩状态。

　　可见泡菜拌料后必须经过发酵成熟过程，使之产生更多的风味物质，同时满足适宜的盐度、酸度等综合作用，才能使泡菜的风味变得更加鲜美可口。

第七节　朝鲜族传统泡菜的营养特性及其功效

　　朝鲜族传统泡菜的营养成分除了大白菜等蔬菜本身所含有的营养成分外,还表现在泡菜制作过程中所加入的各种调辅料、鱼虾酱及乳酸发酵过程中所生成的各种营养物质。因此,朝鲜族传统泡菜的风味和营养保健价值根据原材料、调辅料、鱼虾酱的种类和添加量不同,不同加工方法及不同成熟时期而变化。朝鲜族传统泡菜中的主要营养物质和活性成分如表3-2所示。

　　朝鲜族传统泡菜的主要原料是各种蔬菜,因此水分、碳水化合物、维生素、钙、铁、磷等含量相当丰富。泡菜中的乳酸菌发酵,不仅对蔬菜的营养物质破坏较小,而且乳酸菌利用原料中可溶性物质代谢产生大量的乳酸、乙酸和多种氨基酸、维生素、酶等提高了发酵蔬菜的营养价值。泡菜的主要配料为鱼虾酱,作为动物性食品,含有丰富的钙、磷和优质蛋白质。蛋白质在发酵过程中部分被分解生成氨基酸,提高了泡菜的营养价值和食用价值。另外泡菜富含植物性食品容易缺乏的赖氨酸。辣椒粉中还含有维生素 B_1、维生素 B_2、维生素 B_{12}、维生素 C、胡萝卜素、烟酸等营养成分。朝鲜族传统泡菜具有预防疾病,提高免疫力的功能;可预防肥胖、高血压、糖尿病、心血管疾病;同时促进食欲,有助于消化,同时有净化肠胃的作用;起抗菌消炎的作用;抗突变、抗癌的作用;延缓衰老的功能。

3-2 朝鲜族传统泡菜的主要原材料中所含营养物质和活性成分

原 材 料	主要营养物质和活性成分
大白菜	糖、维生素 C、维生素 K、吲哚、谷甾醇
辣椒面	糖、胡萝卜素、维生素 A、维生素 C、钙、磷、钾、辣椒素、多不饱和脂肪酸
蒜	糖、丙烯基化合物、大蒜素、大蒜素-B_1 复合体
生姜	烟酸、生姜素

续表

原 材 料	主要营养物质和活性成分
鱼虾酱汁	蛋白质、氨基酸、钙、磷、铁、钠、二十二碳六烯酸、二十碳五烯酸多不饱和脂肪酸
白糖	糖
萝卜	糖、烟酸、钙、异硫氰酸盐
葱	维生素 A、维生素 C、叶绿色
发酵产物	有机酸、酒精、酯类、氨基酸、胆碱、乙酰胆碱

1.维持膳食营养均衡，是低热量食品

朝鲜族传统泡菜是以新鲜蔬菜为原料，经泡渍发酵而生产的，是对蔬菜进行的"冷加工"，较其他蔬菜加工方式有益成分损失少，所以泡菜营养丰富。据学者研究，朝鲜族传统泡菜富含纤维素（有的达到 0.608%，较泡渍发酵之前有明显的提高），维生素 C、维生素 B1、维生素 B2 等多种维生素，钙、铁、锌、等多种矿物质（铁含量有的达到 3.63mg/kg，钙、铁等微量元素较泡渍发酵前有明显的提高），碳水化合物、氨基酸、蛋白质、脂肪等营养物质。可以满足人体需要的膳食营养均衡，是很好的低热量食品。

2.调节肠道微生态平衡，是营养健康食品

朝鲜族泡菜特有泡渍发酵的生产工艺技术，决定了它含有丰富的活性乳酸菌。现代科学研究初步证明，乳酸菌及其代谢产物乳酸（0.3%~1.0%）等物质，具有如下生理功能：

（1）促进营养物质的吸收

乳酸菌主要定殖人体小肠和大肠内，它们利用糖类发酵，产生乳酸、乙酸、丙酸和丁酸等有机酸，这有利于肠道营养物质的吸收；而大肠中的各种微生物则利用这些占碳水化合物全部能量的 40%~50%的有机酸进行新陈代谢活动，促进了营养物质的吸收。而且，乳酸菌还能合成 B 族、K 族维生素等。

（2）改善肠道功能

乳酸菌发酵的代谢最终产物之一是乳酸，乳酸的积累导致肠道 pH 值下降，这可以对许多 G+及 G－细菌产生广泛的抑制作用，即强烈的抗菌作用等，对人体起到了清洁肠胃的作用，它促进肠胃蛋白质分解激素胃蛋白酶的分泌，调整肠内微生物分布，使肠道内的微生物分布趋于平衡，从而改善肠道功能；乳酸菌发酵代谢的另一产物是细菌素

（如类抗生素物质、细菌致死性蛋白等），是具有拮抗作用的物质，可调节肠道功能。

（3）降低血清胆固醇水平和血脂浓度

乳酸菌能在肠定殖，而且能耐受较高的酸环境而存活，并且都具有降低胆固醇的作用。扎可尼等人给小鼠灌喂某些乳酸菌后，其雄性及雌性小鼠血液中胆固醇的浓度分别下降了 7.8% 和 16.9%。

（4）抗高血压作用

某些乳酸菌发酵产生的代谢产物小肽和寡肽，可以抑制血管紧张素转化酶（ACE），有抗高血压作用。一些乳酸菌细胞壁中的肽聚糖成分，自溶后获得的细胞裂解物（LEX）对收缩压有显著的降低作用。乳酸菌对人体健康众多的调节作用中，抗高血压作用是与其菌体成分和其代谢产物相关，并不要求菌体以活细胞到达体内。

（5）预防糖尿病

糖尿病可分为胰岛素依赖型和非胰岛素依赖型两种类型。研究显示某些乳酸菌及其代谢产物乳酸，在体内对两种类型的糖尿病均有预防作用。

（6）调节免疫功能

乳酸菌及其代谢产物通过激活巨噬细胞酶及吞噬能力可提高非特异性及特异性免疫反应，增强细胞因子表达水平，促进免疫球蛋白特别分泌型 IgA 的表达。乳酸菌还可以增强淋巴细胞活力，提高人体免疫力，其临床表现之一是防止肠道感染等。

（7）抗肿瘤作用

乳酸菌对肿瘤的抑制作用可能来自遏制与瘤变相关的酶的活力和调节免疫能力。某些乳酸菌细胞壁肽聚糖注射到小鼠发生瘤变的部位后，可使肿瘤的消退率达到 70%，这种细胞壁肽聚糖成分激活了巨噬细胞。乳酸菌及其代谢产物可抑制某些引发大肠癌的酶（如 β-葡糖醛酸苷酶、叠氮还原酶和硝酸盐还原酶等）的活力，所以乳酸菌对大肠癌具有抑制作用。

（8）其他营养功能

减肥作用，减少食物过敏反应，对骨质疏松的改善作用等。专家研究发现，泡菜不仅含多种维生素、矿物质以及人体所必需的十余种氨基酸，而且还有明显的减肥作用。用泡菜做动物实验，其结果表明：没有吃泡菜的白鼠的 1g 肝里平均含有脂肪 167~169mg，而吃泡菜的白鼠肝里只有 145~149mg 克的脂肪，减少脂肪 15.8%；不吃泡菜的白鼠血液中总脂肪含量是 246.1mg/L，而吃泡菜白鼠的血液中只有 170~200mg/L 的脂肪，减少 44.8%。

3.香辛料的添加与调配，是营养休闲食品

朝鲜族传统泡菜发酵泡渍时要添加辣椒、大蒜、生姜等香辛料辅料，在加工生产调配时也要添加这些辅料的粉末或酱状物，使朝鲜族传统泡菜在色香等方面更协调更鲜美，做到了方便、快捷、休闲，开袋或开瓶即食。香辛料富含许多对人体有益的成分，如辣椒素、大蒜素、生姜辣素等，所以朝鲜族传统泡菜是营养休闲食品。

第四章　朝鲜族传统大酱生产技术

第一节　酱及朝鲜族传统大酱的概述

一、大豆的起源

大豆起源于我国北方地区，其后传入中原地区和东南亚各国，约有 5000 年的人工栽培史。公元前 5 世纪至 3 世纪，典籍已有对大豆的分布、形状、种类等较细致的描述。例如《易周书·职方解》记载"菽属北方"；《管子》中记有"有种大菽，细菽，多白食"；《吕氏春秋》中记有"得实菽菽，长茎而短足，其荚二、七为簇，多枝数节"。秦汉以后，"大豆"一词代替了"菽"字并广泛应用。

"大豆"一词最先见于《神农书》的《八谷生长篇》，其中载："大豆生于槐。出于泪石云山谷中，九十日华，六十日熟，凡一百五十日成。"汉代《氾胜之书》载："大豆保岁，易为宜。"氾氏主张"谨计家口数种大豆，率人五亩，此田之本也"。在汉代的其他文献中主张麦子和谷子或大豆轮种，可见当时大豆的播种面积已相当可观。

自汉代以后，我国大豆的种植面积不断扩大，产量也不断增加。如今，大豆已成为人们生活中十分重要的食品，深受人们的喜爱。

二、豆豉与大酱及酱文化的传播

古代典籍对"酱"有代表性的描述有以下几点：

《周礼·天官·膳夫》："凡王之馈，酱用百有二十瓮。"可见，这时候古人已经利用了发酵法，将动物蛋白降解制成美味的酱。

汉代刘熙《释名·释饮食》记载"豆豉"为"五味调和，需之而成"。这里的"豆豉"是大豆发酵制品，大豆经泡发蒸煮，自然发酵而制成。

古人不但把豆豉用于调味，而且用于入药，对它极为看重。《汉书》《史记》《齐民要术》《本草纲目》都有此记载，其制作历史可以追溯到先秦时期。

豆豉的生产。据记载，豆豉的生产，最早是由江西泰和县流传开来的，后经不断发展和提高传到海外。日语称豆豉为"纳豉"；朝鲜语称为"씀酱"，将大豆蒸或煮，利用发酵菌进行发酵而成，因为其没有添加食盐进行发酵，带有少许不愉快的风味，故用中文翻译成"臭酱"；朝鲜语称"청국장"，音译成中文为"清曲酱""清国酱"；越南、印度尼西亚人称其为"temphe"（发酵食品）等。

从史书的记载和各国对豆豉的加工和食用方法来看，豆豉是大酱的前身。学者认为，煮熟的大豆不加食盐发酵的是"豆豉"，而大豆煮熟之后添加一定的食盐发酵则成"豆酱"。据调查发现，我国长江以南的广阔地区食用"豆豉"，黄河以北普遍食用"豆酱"，长江和黄河之间的地区既吃豆豉，又食用"豆酱"。豆酱，又叫大豆酱、大酱，是大豆煮熟，破碎之后造型，自然发酵制成酱醅，将其浸泡在盐水中进行发酵而成的发酵制品。

三、"酱"与朝鲜族传统大酱的定义与分类

（一）酱的定义与分类

我国食品行业标准《酱的分类》（SB/T 10172-1993）将酱的定义为，"酱"是"以富含蛋白质的豆类和富含淀粉的谷物及其副产品为主要原料，在微生物酶的催化作用下，分解熟成的发酵型糊状调味品"。

按照行业标准《酱的分类》（SB/T 10172-1993），根据加工原料的不同，酱可分为豆酱、面酱和复合酱等三种。豆酱根据原料的不同，可分为黄豆酱、蚕豆酱和杂豆酱三种，而黄豆酱按水分多少又可分为干态黄豆酱和稀态黄豆酱。这里所说的干态黄豆酱不是干燥的大酱，而是相对稀态黄豆酱较其稠的状态，朝鲜族传统大酱属于这一类。面酱根据谷物的种类不同分为小麦酱、杂面酱两种。复合酱是豆类和谷物面粉混合发酵制成

的酱。

中华人民共和国专业标准《调味品名词术语 酱类》（SB/T 10299-1999）将酱分为如下种类：

1.黄豆酱

黄豆酱亦称大豆酱、豆酱。以大豆为主要原料，经浸泡、蒸煮、拌和面粉制曲、发酵，酿制而成的色泽棕红、有光泽、滋味鲜甜的调味酱。

2.大酱

传统工艺生产的大酱，以大豆或脱脂大豆为原料，经润水、蒸煮、磨碎、造型、制曲、发酵而成，是糊状并具酱香的红褐色发酵性调味酱。近代工艺生产的大酱，是以黄豆酱磨碎制成。

3.黄酱

采用大酱工艺生产的产品，制醪发酵时所用盐水量较大，也称稀大酱。

4.蚕豆酱

蚕豆酱亦称豆瓣酱。以蚕豆为主要原料，脱壳后，经制曲、发酵而制成的调味酱。

5.蚕豆辣酱

以蚕豆酱为原料，配入辣椒酱及各种辅料制成的调味酱。

6.稠甜面酱

稠甜面酱也称干甜面酱。以面粉为原料，在酿造过程中，减少盐水用量，成品体态稠黏，色泽棕红，滋味鲜甜，专供烹饪、调味用。

7.稀甜面酱

以面粉为原料，按传统习惯，分别采用自然发酵、保温速酿、多酶糖化等不同工艺，酿制出较稀释的、流体状的色泽橙黄的稀甜面酱。其是酱渍菜的原料，也可供调味用。

8.甜酱油

发酵成熟的稀甜酱，用压榨法榨取的汁液，称为甜酱油。它是罐装酱菜或酱汁渍菜的原料，不能做普通甜酱油用。

9.豆豉

大豆经润水蒸煮，拌麦粉（或不拌麦粉）制曲发酵，利用微生物酶类，将原料中蛋白质降解至一定程度，再采取加盐、加酒或干燥等措施，抑制酶的活性，延缓分解过程，使原料中部分蛋白质和酶解产物共同保存下来，呈干态或半干态的颗粒状，此种发酵性制品称为豆豉。豆豉分为以下几类：

①霉菌型豆豉

以毛霉菌或曲霉菌制曲生产的豆豉。

②细菌型豆豉

以细菌发酵为主，直接进行熟料堆积生产的豆豉。

③霉菌－细菌型豆豉

以霉菌制曲后，再经过洗豉处理又以细菌，主要是纳豆菌发酵生产的豆豉，一般成品需晒干后存放。

④淡豆豉

在生产中不添加食盐的霉菌－细菌豆豉，成曲可入药。

⑤黄豆豉

以黄色大豆为原料生产的霉菌型豆豉。

⑥黑豆豉

以黑色大豆为原料生产的霉菌型豆豉。

⑦姜豆豉

细菌型豆豉加工配制的产品，如辣豆豉、五香豆豉等。

⑧水豆豉

细菌型半干性豆豉。

10.花色酱

以黄豆酱、甜面酱为基础原料，配加不同的辅料，如香肠、花生、火腿、猪肉、蘑菇等，再加入味精、辣椒、芝麻油等调味料，即可调制成不同名称的花色酱，如甜辣酱、虾子辣酱、芝麻辣酱。

11.西瓜酱

以西瓜瓢和瓜汁代替部分盐水，与成曲混合发酵酿制成的有西瓜清香气味的酱。

12.花色蚕豆酱

以蚕豆酱为基础原料，添加经过加工的海产品、畜产品、果仁、菌类等，再加入植物油，辣椒糊等加工而成。常见的有牛肉豆瓣酱、金钩豆瓣酱、芝麻花生豆瓣酱、香覃豆瓣酱等。

13.豉油

豆豉发酵时，从席囤下部收集的豆豉汁液，及时加盐，可作为酱油使用。

（二）朝鲜族传统大酱的定义及其特点

1.朝鲜族传统大酱的定义

朝鲜族传统大酱即以大豆为主要原料,通过酱坯的发酵和下酱熟成过程而制成的干态型大酱,朝鲜语叫"된장（duenjiang）"。

广义上的朝鲜族大酱指的是酱油、大酱（黄豆酱）、辣椒酱、青曲酱等的统称。

2.朝鲜族传统大酱的种类

（1）传统式大酱

传统式大酱是酱引子中加入适量的盐水进行发酵,分离得到酱油以后剩余的固形物部分。

（2）改良式大酱

改良式大酱是酱引子中加入适量的盐水进行发酵,不分离出酱油直接食用。

（3）淡豉酱

淡豉酱是将豆酱饼发酵5～6d后,在适宜的温度下再进行发酵后而制成的。

（4）生黄酱

生黄酱是豆酱饼和酒曲混合在一起发酵而制成的酱。

（5）青酱

青酱是将没有完全成熟的青豆蒸煮后破碎,用大豆叶铺盖发酵而制成的酱。

（6）红豆酱

红豆酱小豆蒸煮后破碎发酵,然后和大豆混合制成的酱。

（7）清麹酱

清麹酱是大豆蒸煮后不破碎直接在适宜的温度下发酵而制成的酱。根据口味可以加入食盐、大蒜、辣椒面等混合均匀后放在坛子里发酵,制成的具有特殊风味的酱。

（8）辣椒酱

大豆蒸煮发酵成酱醅,添加蒸煮的黏米、辣椒粉、食盐等,按比例混合搅拌发酵而成的制品,是具有朝鲜族特色的酱类之一。

3.朝鲜族传统大酱的特点及其酱文化

（1）朝鲜族传统大酱的特点

①分离酱油,质地稠,故称"稠酱"

这与所谓"东北大酱"的其他地区大酱相互区别的一种特点。由于酱油的分离,朝

鲜族传统大酱比较稠，故称为"稠酱"。从酱的形态考察，朝鲜族传统大酱相对稀态酱较稠，朝鲜语称"된장"（大酱）就有这一层含义。

②经两个阶段发酵，熟成度好

第一阶段为酱坯的制作及其发酵，第二阶段是下酱及熟成。从酱的文化层面考察，经过两个阶段发酵的大酱为成熟好的大酱，反之意为"未熟"的大酱。由此看，朝鲜语的"된장"就是发酵好的，品质上成熟好的大酱。朝鲜族往往把大酱比喻成人品，有这样一句俗语："며느리 됨됨이는 장 서말을 먹여봐야 안다." 这句话的意思就是要判断一个人的人品好坏，要观察很长时间才能看出来。

（2）体现了朝鲜族独特的酱文化

朝鲜族传统大酱不仅是副食品，也是一种调味料，用于各种酱汤的加工，也用于各种调味酱的加工，但不失大酱独特的风味，这表现出朝鲜族"融合与团结"的民族心。

朝鲜族传统大酱具有独特的大酱饮食文化，风味特殊。利用大酱做出来的食品具有独特的朝鲜族饮食风味。例如，冻干白菜酱汤，砂锅酱汤等。这又体现出朝鲜族自强不息的民族精神。

第二节　大豆的营养与功能成分及其生物活性

朝鲜族传统大酱的原料很简单，主要有大豆、食盐和水。

大酱组成的一半是大豆，直接决定其风味和营养及功能性，所以下面着重介绍其营养及功能成分和生理活性。

一、大豆的营养及功能成分

大豆富含营养物质，大约含有 40%的蛋白质、20%的脂肪、10%的水分、5%的纤维和 5%的灰分。大豆中的蛋白质含量是小麦、大米等谷类作物的 2 倍以上，而且组成蛋白质的氨基酸比例较接近人体所需的理想比例，尤其是赖氨酸的含量特别高，接近鸡蛋，因此大豆蛋白的质量较好。大豆中含有两种人体必需脂肪酸——亚油酸和亚麻酸，其在大豆中的含量比较高，对治疗老年人心血管疾病有一定效果。大豆中还含有能促进人体激素分泌的维生素 E 和大豆磷脂，对延缓衰老和增强记忆力有一定作用。此外，大豆中铁、磷等元素的含量也比较高，而这些元素对保持人体健康有重要作用。

（一）蛋白质

大豆中的蛋白质是指存在于大豆中的蛋白质的总称，它不是单指某一种蛋白质。大豆中的蛋白质含量位居植物性食品原料的含量之首，一般情况下，大豆中蛋白质含量高达 40%左右，其中有 80%~88%是可溶的，在豆制品的加工中主要利用的就是这一类蛋白质。组成大豆蛋白的氨基酸有 18 种之多。大豆蛋白中含有 8 种必需氨基酸，且比例比较合理，氨基酸含量与动物蛋白相似，特别是赖氨酸含量可以与动物蛋白相媲美。但是，大豆蛋白中的蛋氨酸和胱氨酸含量低于动物蛋白。

1.大豆蛋白

（1）大豆蛋白的组成及分类

大豆中的蛋白质大部分存在于子叶中，其中 80%~88%溶于水，一般称这部分为水溶性蛋白质。水溶性蛋白质又根据溶解性不同分为球蛋白和白蛋白两部分，其中球蛋白占 94%，这部分又是由 78.5%的大豆球蛋白和 21.5%的菜豆蛋白组成；白蛋白占水溶性蛋白质的 6%，这部分又是由 78.8%的豆蛋白和 21.2%的大豆蛋白组成。

大部分蛋白质在等电点（pH 值 4~5）范围内从溶液中沉淀出来，称这部分蛋白质为大豆酸沉蛋白，占全部大豆蛋白的 80%以上（主要是大豆球蛋白）。这些蛋白质真正的等电点在 pH 值 4.5 左右，但由于大豆中含有植酸钙镁，其在酸性条件下与蛋白质结合，所以表面看来蛋白质的等电点是在 pH 值 4.3 左右。在等电点不沉淀的蛋白质称为大豆乳清蛋白，约占大豆蛋白质全量的 6%~7%，这些蛋白的主要成分是白蛋白。大豆蛋白大部分在偏离 pH 值 4.3 时可溶于水，但受热，特别是当蒸煮等高温处理时，其溶解度急剧减小，因此在豆腐和大豆分离蛋白加工中，白蛋白一般在水洗和压滤过程中流失掉。

此外，大豆中的蛋白质根据其在籽粒中所起的作用不同，一般可分为贮存蛋白、结构蛋白和生物活性蛋白。其中贮存蛋白是大豆蛋白的主体，大豆作为食物时也是主要利用大豆中的贮存蛋白。这些蛋白颗粒尽管其周围有磷脂质膜，但磷脂质膜容易破裂，所以能够利用水抽提法提取。

（2）大豆蛋白的生物活性

大豆蛋白的生物活性主要表现在以下几个方面：

①调节血脂，降低胆固醇和甘油三酯

大豆蛋白能与肠内胆固醇类相结合，从而妨碍固醇类的再吸收，并促进肠内胆固醇排出体外。已知大豆蛋白与胆固醇之间有如下关系：A.对胆固醇含量正常的人，大豆没有促进胆固醇下降的作用（一定量的胆固醇是人体维持生命的必要物质）；B.对胆固醇含量正常的人，如食用含胆固醇量高的蛋、肉、乳类等食品过多时，大豆蛋白有抑制胆固醇含量上升的作用；C.对胆固醇含量偏高的人，有降低部分胆固醇的作用；D.可降低有害胆固醇中低密度脂蛋白（LDL）和极低密度脂蛋白（VLDL）胆固醇，但不降低有益胆固醇高密度脂蛋白（HDL）胆固醇。经研究，食用大豆蛋白后，血清中胆固醇浓度降低了9.3%，低密度脂蛋白胆固醇降低了12.9%，血清中甘油三酯浓度降低了10.5%，而血清中高密度脂蛋白胆固醇浓度增加了2.4%。由于胆固醇浓度每降低1%，患心脏病的危险性就降低2%~3%。因此，可以认为，食用大豆蛋白可使患心血管疾病的危险性降低18%~28%。

此外，大豆蛋白对胆固醇的降低作用与胆固醇的初始浓度高度相关。食用大豆蛋白后，对于胆固醇浓度正常的人，低密度脂蛋白胆固醇只降低了7.7%，而对血清胆固醇浓度严重超标的人，低密度脂蛋白胆固醇降低了24%。因此，正常人食用大豆蛋白不必有任何顾虑。而胆固醇浓度越高，大豆蛋白的降低效果越显著。并且只要每天食用大豆蛋白25g左右，就足以起到降低胆固醇的作用。1998美国食品药品监督管理局（FDA）确认摄取大豆蛋白与降低患心脏病危险性呈正相关，并可在含大豆蛋白食品的标签上标明健康标志。FDA认为可按下列标示在标签上标明：每日食用25g大豆蛋白可作为降低饱和脂肪酸、胆固醇饮食的一环，可减少患心脏病的危险性。

②防止骨质疏松

人的骨骼处于高度的新陈代谢中，每年新生的骨骼占总骨骼的15%，每天有大约7000mg的钙进出骨骼组织，一部分钙会随尿液排出体外。若尿钙损失50mg，就必须摄入200~250mg的钙（假设钙的吸收率为20%~25%），因此减少尿钙损失比摄入钙更为重要。研究表明，与优质动物蛋白相比，大豆蛋白造成的尿钙损失较少，当膳食中的蛋白质为动物蛋白质时，每天的尿钙损失达150mg，而当膳食中的蛋白质为大豆蛋白时，每天的尿钙损失仅为103mg。

此外，大豆中的大豆异黄酮可抑制骨骼再吸收，促进骨骼健康。因此，常食大豆食品对防止骨质疏松非常有效。

③抑制高血压

血管紧张肽原酶对稳定血液循环和血压起着重要作用。在大豆蛋白中的 11S 球蛋白和 7S 球蛋白中含有 3 个可抑制血管紧张肽原酶活性的短肽片段。因此，大豆蛋白具有一定的抗高血压功能。

④大豆蛋白属完全蛋白质

大豆蛋白所含的氨基酸可满足 2 岁以上人体对各种必需氨基酸的要求。按 WHO 和 FDA1993 年所采用的"蛋白质消化率校正后的氨基酸评分"（PDCAAS,满分为 1.0 分），大豆蛋白质（1.0 分）与鸡蛋清蛋白相同（1.0 分），高于牛肉（0.95 分）、花生粉（0.52 分）、小麦面筋（0.24 分）等，即相当于动物蛋白。

2.大豆球蛋白

（1）大豆球蛋白的组成

大豆蛋白中 90%以上是大豆球蛋白。大豆球蛋白是存在于大豆籽粒中贮藏性蛋白的总称（即为多组分蛋白），占大豆总量的 30%。

构成大豆球蛋白四级结构的亚基数不同，故其相对分子质量大小也不相同，经超速离心机沉降分析，大豆球蛋白依据其相对分子质量大小可以分为 2S、7S、11S、15S（S 为沉降系数，1S=10~13s=1Svedberg 单位）四种组分，其中主要为 11S 球蛋白（相对分子质量约 35 万）和 7S 球蛋白（相对分子质量约 17 万）。对生物机体，几乎所有的外来蛋白质都可以作为抗原，而且每种蛋白质都能诱导特异性抗体的产生。免疫学分析表明，大豆球蛋白至少是由大豆球蛋白、β-伴大豆球蛋白、α-伴大豆球蛋白以及 γ-伴大豆球蛋白四种不同的蛋白组成的。

①2S 蛋白体：2S 蛋白体相对分子质量为 8000~215000，约占蛋白质总量的 20%。在酸沉淀蛋白中，分离出了相对分子质量为 26000 的 2S 蛋白，其 N-端末端结合有天冬氨酸。在 2S 成分中还含有胰蛋白酶抑制因子、细胞色素 C 等。

②7S 蛋白体：7S 蛋白体是含有 3.8%的甘露糖和 1.2%葡萄糖的糖蛋白，相对分子质量在 61000~110000，约占蛋白质总量的 1/3。含有脂氧合酶、血凝集素、β 淀粉酶和 7S 球蛋白四种不同的蛋白质。

③11S 蛋白体：11S 蛋白体结合有低于 1%的糖，相对分子质量为 350000，约占蛋白质总量的 1/2。11S 球蛋白体是大豆中含量最多的蛋白质成分，等电点（pI）为 5.0。

11S 蛋白体最大的特征是冷却后发生沉淀。将脱脂大豆的水提取液放在 0~2℃的环境下会有蛋白质沉淀析出，11S 成分大约有 86%发生沉淀。

④15S 蛋白体：15S 蛋白体由多种成分构成，相对分子质量达 600000，约占蛋白质总量的 1/10。用酸沉淀或用透析法沉淀时，15S 成分首先沉淀出来。

（2）大豆球蛋白的营养价值

大豆球蛋白的氨基酸模式，除了婴儿以外，自 2 周岁的幼儿至成年人，都能满足其对必需氨基酸的需要。将大豆球蛋白与牛肉相混合，不论将大豆球蛋白与牛肉按什么比例混合，其蛋白质利用率都没有什么差别。也就是说，在保持氮平衡的情况下，即使用大豆代替部分牛肉，其整体营养水平与牛肉没有多大差别。

（3）大豆球蛋白对血浆胆固醇的影响

大豆球蛋白对血浆胆固醇的影响，经临床应用已确认有下面三个方面的特点：

①对血浆胆固醇含量高的人，大豆球蛋白有降低胆固醇的作用。

②当摄取高胆固醇食物时，大豆球蛋白可以防止血液中胆固醇的升高。

③对于血液中胆固醇含量正常的人来说，大豆球蛋白可降低血液中 LDL/HDL 胆固醇的比值。作为蛋白质来源的大豆球蛋白，以 140g/d 剂量连续摄取 1 个月，可以改善并保持健康状况。若进一步过量摄取，大豆球蛋白过高则会抑制 Fe 的吸收。不过，摄取量在 0.8g/kg 左右，对 Fe、Zn 等微量元素的利用没有影响。

（二）脂类

大豆的脂类主要贮藏在大豆细胞内的脂肪球中，脂肪球分布在大豆细胞中蛋白体的空隙间，其直径为 0.2~0.5μm。

大豆中脂类总含量为 21.3%，主要包括脂肪（甘油酯）、磷脂类、固醇、糖脂（脑苷脂）和脂蛋白。其中中性脂肪（豆油）是主要成分，占脂类总量的 89%左右、磷脂和糖脂分别占脂类总量的 10%和 2%左右。此外还有少量的游离脂肪酸、固醇和固醇酯。

1.脂肪（大豆油脂）

大豆含有 16%~24%的脂肪，是人类主要的食用油料作物，全球大约有一半的植物油脂来自大豆。大豆油脂主要特点是不饱和脂肪酸含量高，61%为多不饱和脂肪酸，24%为单不饱和脂肪酸。大豆油脂中还含有可预防心血管病的 ω-3-脂肪酸——α-亚麻酸。大豆油脂在常温下为液体，分为毛油和精炼油。毛油为红褐色，精炼油为淡黄色。

2.类脂

大豆中的类脂分为可皂化类脂和不可皂化类脂两类。大豆中的类脂主要是磷脂和固醇。大豆中不可皂化物总含量为 0.15%~1.6%,除固醇外,还有类胡萝卜素、叶绿素以及生育酚类似物等物质。

（1）磷脂

大豆中含 1.1%~3.2%的磷脂,在食品工业中被广泛用作乳化剂、抗氧化剂和营养强化剂。大豆磷脂的主要成分是卵磷脂、脑磷脂和肌醇磷脂,其中卵磷脂约占全部磷脂的30%,脑磷脂约占全部磷脂的 30%,肌醇磷脂约占全部磷脂的 40%。卵磷脂具有良好的乳化性和一定的抗氧化能力,是一种非常重要的食品添加剂。从油脚中可以提取大豆卵磷脂。

（2）固醇

大豆中的固醇类物质是类脂中不可皂化物的主要成分,约占大豆的 0.15%,主要包括豆固醇、谷固醇和菜油固醇。在制油过程中,固醇转入油脚中,因而可从油脚中提取固醇。固醇在紫外线照射下可转化为维生素 D。

（三）碳水化合物

大豆中的碳水化合物含量约为 25%。大豆中碳水化合物成分比较复杂,主要为蔗糖、棉籽糖、水苏糖、毛蕊花糖等低糖类和阿拉伯半乳聚糖等多糖类。成熟的大豆中淀粉含量甚微,约为 0.4%~0.9%,青豆（毛豆）比成熟大豆淀粉含量多。另外,在成熟的大豆中也没有发现葡萄糖等还原性糖。

大豆中的碳水化合物可分为可溶性与不可溶性两大类。大豆中约含 10%的可溶性碳水化合物,主要指大豆低聚糖（其中蔗糖占 4.2%~5.7%,水苏糖占 2.7%~4.7%、棉子糖占 1.1%~1.3%）,此外还含有少量的阿拉伯糖等。大豆中约含有 24%的不可溶性碳水化合物,主要指纤维素、果胶等多聚糖类,其组成也相当复杂。大豆中的不可溶性碳水化合物和食物纤维,都不能被人体所消化吸收。

此外,除蔗糖外的所有碳水化合物都难以被人体所消化,它们一旦发酵就引起肠胃胀气,这是因为人体消化道中不产生 α-半乳糖和 β-果糖苷酶,所以在胃肠中不消化,当它们到达大肠后,经大肠细菌发酵作用产生 CO_2、氢气、甲烷,使人体有胀气感。所以,大豆用于食品时,往往要设法除去这些不消化的碳水化合物,而这些碳水化合物通常也被称为"胃肠气胀因子"。

（四）酶类

在大豆中已经发现了 30 多种酶。与大豆制品加工有关的主要有脂肪氧化酶、脂肪酶、淀粉酶和蛋白酶。

1.脂肪氧化酶

大豆含有的脂肪氧化酶活性很高。脂肪氧化酶存在于接近大豆表皮的子叶中。当大豆的细胞壁被破坏后，只需要少量水分存在，脂肪氧化酶就可利用溶于水中的氧，催化大豆中的不饱和脂肪酸（亚油酸和亚麻酸），发生酶促氧化反应，形成氢过氧化物。当有受体存在时，氢过氧化物可继续降解形成正乙醇、乙酸和酮类等具有豆腥味的物质。这些物质又与大豆中的蛋白质有亲和性，即使利用提取和清洗等方式也很难去除。学者通过分析手段，已鉴定出近百种大豆油脂的氧化降解产物，其中造成豆腥味的主要成分是乙醛。

2.脂肪酶

脂肪酶的存在必然会引起油脂的氧化酸败。脂肪酶的最适宜温度为 30℃~40℃，最适宜的 pH 值在 8 左右。脂肪酶能催化脂肪的水解和合成反应。脂肪酶的催化作用具有可逆性，在大豆种子成熟过程中，它可催化脂肪的合成作用；在大豆种子成熟后的贮藏、加工及种子萌发阶段，能催化脂肪的分解反应。它催化的脂肪合成与分解反应都是逐步进行的，因此甘油一酯和甘油二酯是其中间产物。

3.淀粉酶

大豆中的 α-淀粉酶对多支链的淀粉作用能力超过从其他原料提取的 α-淀粉酶，并且其活性并不需要巯基的存在。大豆 β-淀粉酶的活性比其他豆类高，对磷酸化酶有钝化作用。大豆 β-淀粉酶在 pH 值 5.5，60℃下加热 30min，将有 50%的活性损失；在 70℃，pH 值 5.5 下加热 30min 则完全丧失活力。

4.蛋白酶

1966 年，威尔等人从脱脂豆粉的乳清中分离出了 6 种蛋白分解酶。1969 年，平斯基指出大豆蛋白质中有一组成分具有类似胰蛋白酶的活性，这说明大豆中的胰蛋白酶抑制素在大豆浸出过程中并未对蛋白分解酶产生抑制作用。

蛋白分解酶也具有合成活性，如大豆蛋白质经木瓜蛋白酶水解后合成了一种新的蛋白质，它比原来的蛋白质增加了甲硫氨酸。

（五）无机盐

大豆中无机盐（也称大豆矿物质），总量为 5%~6%，其种类及含量较多，其中的钙含量是大米的 40 倍（2.4mg/g），铁含量是大米的 10 倍，钾含量也很高。钙含量不但较高，而且其生物利用率与牛奶中的钙相近。维生素 B 类、维生素 E 含量丰富，维生素 A 较少，但维生素 B_1 易被加热破坏。

大豆中的无机盐大有十余种，多为钾、钠、钙、镁、磷、硫、氯、铁、铜、锌、铝等，由于大豆中存在植酸，某些金属元素如钙、锌、铁与植酸结合形成不溶性植酸盐，妨碍这些元素的消化利用。

大豆的无机成分中，钙的含量差异最大，目前测得的最低值为 100g 大豆中含钙163mg，最高值为 100g 大豆中含钙 470mg，大豆的含钙量与蒸煮大豆（整粒）的硬度有关，即钙的含量越高，蒸煮后的大豆越硬。此外，除钾以外大豆的无机物中磷的含量最高，其在大豆中的存在形式为 75%植酸钙镁态、13%磷脂态、其余 12%是有机物和无机物。大豆在发芽过程中植酸酶被激活，植酸被分解成无机磷酸和肌醇，被螯合的金属游离出来，使其生物利用率明显升高。

（六）维生素

大豆中含有多种维生素，特别是 B 族维生素。不过大豆中的维生素含量较少，而且种类也不全，以水溶性维生素为主，脂溶性维生素则更少。大豆中含有脂溶性维生素主要有维生素 A、β-胡萝卜素、维生素 E 等，而水溶性维生素有维生素 B_1、维生素 B_2、烟酸、维生素 B_6、泛酸、抗坏血酸等。以我国产的黄大豆为例，100g 成熟的大豆中维生素含量（我国东北地区产大豆 13 个品种平均值）如下：胡萝卜素 0.4mg、硫胺素（维生素 B_1）0.79mg、核黄素（维生素 B_2）0.25mg、尼克酸（烟酸、维生素 B_5）2.1mg、维生素 $B_6$0.9mg、泛酸 1.7mg、维生素 C 20mg、叶酸 0.4mg。此外，还含有一定量的维生素 E，只是在大豆加热处理时其绝大多数被破坏，转移到制品中去的很少。

（七）有机酸素

大豆中含有多种有机酸，其中柠檬酸含量最高，其次是焦性麸质酸、苹果酸和醋酸等。目前，在大豆综合加工中，已利用这些有机酸制成了清凉饮料。

二、大豆的功能成分及其生物活性

（一）大豆多肽

大豆多肽即"肽基大豆蛋白水解物"的简称，是大豆蛋白质经蛋白酶作用后，再经特殊处理而得到的蛋白质水解产物。大豆多肽的必需氨基酸组成与大豆蛋白质完全一样，含量丰富而平衡，且多肽化合物易被人体消化吸收，并具有防病、治病、调节人体生理机能的作用。大豆多肽是极具潜力的一种功能性食品基料，含有大豆多肽的食品已逐渐成为 21 世纪的健康食品。

1.大豆多肽的组成与性质

大豆多肽较之相同组成的氨基酸及其母本蛋白,具有许多独特的理化性质与生物学活性。大豆多肽通常由 3~6 个氨基酸组成，为相对分子质量低于 1000 的低肽混合物，相对分子质量主要分布在 300~700 范围。另外，水解产物中还含有少量游离氨基酸、糖类和无机盐等成分。

大豆蛋白质在水解过程中，由于肽键的降解,大豆多肽的链长与相对分子质量降低，NH_4^+、COO^- 等亲水性基团增多，静电荷数增加，包埋于内部的疏水性基团暴露于水相中，从而使大豆多肽的溶解性、吸水性、黏度、胶凝性、起泡性及风味等不同于蛋白质。

可溶性是大豆多肽最重要的理化性质之一。大豆多肽在 pH 值、温度、离子强度、氮浓度等变化较大时仍可保持可溶性。溶解性增加是由于水解物分子量的减少和因水解产生的可离解的氨基和羧基基团作用，增加了水解物的亲水性。在任何 pH 值溶液中均具有良好的溶解性，精制的大豆多肽能保持溶液透明。大豆蛋白在 pH 值为 4.2~4.6 时因不溶解而凝析沉淀，大豆多肽却能保持溶解状态。10%以上的大豆蛋白溶液加热时会产生凝胶化现象，此时蛋白质的溶解性极差；而大豆多肽是与 0.03mol/L 氯化钙共处于 pH 值 3~11 范围中，经高温长时间（134℃，5min）处理，仍有 80%含氮组分保持可溶性。大豆蛋白的黏度随浓度的增加而急剧上升，通常浓度超过 13%就会形成凝胶，失去流动性。而大豆多肽溶液黏度较低，30%大豆多肽溶液黏度与10%大豆蛋白溶液的黏度相当。50%大豆多肽溶液的流动性仍很高，故大豆多肽在清凉饮料中被广泛应用。大豆多肽的渗透压处于大豆蛋白与同一组成的氨基酸之间。用大豆多肽取代氨基酸，可降低产品的渗透压，减少氨基酸引发的腹胀、腹泻、恶心和呕吐等不适症的可能性。大豆多肽具有较强的吸湿性和保湿性，比胶原蛋白多肽和丝蛋白多肽强。这对延长面包和蛋糕等焙烤食品的货架期是有利的。

2.大豆多肽的生物活性

（1）具有易吸收性及营养价值丰富的特性

大豆多肽不仅具有与大豆蛋白质相同的必需氨基酸，而且其消化吸收特性比蛋白质更好，有学者分别以25%的大豆多肽、乳白蛋白、氨基酸混合物水溶液定量滞留于大鼠胃中作基准，经1h后测定消化道内的残留量。结果表明，大豆多肽具有吸收速率快和吸收率高的特性。

（2）具有降低血脂和胆固醇的作用

早在20世纪初，学者就研究发现大豆蛋白能够降低血脂和胆固醇，而大豆多肽降低血脂和胆固醇的效果更加明显。大豆多肽降低血清胆固醇表现为以下几个特点：①对胆固醇值正常的人，没有降低胆固醇作用；②对胆固醇值高的人，具有降低总胆固醇值的功效；③对胆固醇值正常的人，在食用高胆固醇含量的蛋、肉、动物内脏等食品时，大豆多肽有防止血清胆固醇值升高的作用；④大豆多肽能使总胆固醇中有害的 LDL、VLDL 值降低，但不会使有益的 HDL 值降低。

（3）具有低过敏原性的特点

过敏反应是一种异常的病理性免疫应答。由于食物或食物组分中过敏原的存在，因此也会导致 IgE 传递的特异性过敏反应。食物过敏反应通常表现为慢性或急性消化道疾病、呼吸道疾病（如哮喘、阵发性鼻炎等）、皮肤不适（如特应性湿疹、接触性皮炎等）甚至是过敏性休克。

食物过敏可由多种蛋白引起。大豆蛋白也有可能导致典型的过敏反应。过敏原在通常的消化过程中是稳定的，因此要消除或降低蛋白的过敏原就必须在体外将蛋白降解，其最有效的方法是蛋白质的酶降解。根据大豆蛋白中的过敏原的特征，其所使用的降解酶除具有一般蛋白酶的特点外，还具有能降解"疏水性蛋白核"的内酶肽和包括胰蛋白酶抑制剂在内的大豆过敏原的活性。学者通过酶联免疫吸附测定法（ELISA）对大豆多肽的抗原性进行测定，结果表明，大豆多肽的抗原性较原大豆蛋白低，为原大豆蛋白的 1/1000~1/100。这一点在临床上具有较高的实用价值，可以对食品过敏的患者提供一种比较安全的蛋白物料。

（4）具有降低血压的作用特点

高血压是一种以动脉收缩压或舒张压升高为特征的临床综合征，常伴有心脏、血管、脑和肾脏等器官结构和功能改变。血管中的血管紧张素转换酶（ACE）能使血管紧张素 X 转换成为 Y，后者能使末梢血管收缩，外周阻力增加，引起高血压。大豆多肽能抑制 ACE 的活性，防止末梢血管收缩，因而具有降血压作用，其降血压作用平稳，不会出现药物降压过程中可能出现的大的波动，尤其对原发性高血压患者具有显著疗效。同时，大豆多肽对血压正常的人没有降压作用，对正常人是无害的。

（5）具有增强肌肉运动力和加速肌红蛋白恢复的作用

运动员在剧烈运动初期，首先消耗体内贮存的三磷酸腺苷（ATP）和肌酸（CP），然后分解糖原，经苯丙酸转变为乳酸，在这期间还可产生 ATP，将能量贮存起来。这一过程是在体内无氧状态下进行的，当氧供给充分时，乳酸经三羧酸循环水分解成 CO_2 并产生能量。ATP、CP、糖原在体内的贮存量与肌肉量呈比例关系，因此若能使运动员肌肉量增加，则体能也会增加。要使运动员的肌肉有所增加，必须要有适当的运动刺激和充分的蛋白质补充。因此，在运动前、运动中及运动后增加蛋白质的供给量，均可以补充体内消耗的蛋白质。而且由于肽易吸收，能迅速利用，因此抑制或缩短了体内"负氮平衡"的副作用。尤其在运动前和运动中，肽的添加还可减慢肌蛋白的降解，维持体内正常蛋白质的合成，减轻或延缓由运动引发的其他生理功能的改变，达到抗疲劳效果。另外，通常刺激蛋白质合成的成长激素的分泌，在运动后 15~30min 之间以及睡眠后 30min 时达到顶峰。若能在这段时间内适时提供消化吸收性良好的多肽作为肌肉蛋白质的原料将是非常有效的。

（6）具有促进脂肪代谢的效果作用

摄食蛋白质比摄食脂肪、糖类更易促进能量代谢，而大豆多肽促进能量代谢的效果比蛋白质更强。日本小松龙夫等人在对儿童肥胖症患者进行减肥治疗期间，采取低能量膳食的同时以大豆多肽作为补充食品，结果发现比单纯用低能量膳食更能加速皮下脂肪的减少。此外，学者以肥胖动物模型进行试验，发现大豆多肽不仅能有效地减少体脂，而且也能保持骨骼肌重量的稳定，故大豆多肽常被作为减肥食品。

（7）其他作用

大豆多肽对微生物有促进增殖的效果，并能促进有益代谢物的分泌。大豆多肽能促进乳酸菌、双歧杆菌、酵母菌、霉菌及其他菌类的增殖，增强面包酵母的产气作用。并能丰富发酵产品的风味，提高产品的品质。

此外，大豆多肽对 α-葡萄糖苷酶有抑制作用，对蔗糖、淀粉、低聚糖等糖类的消化有延缓作用，能够控制机体内血糖的急剧上升，具有降低血糖的作用。

（二）大豆异黄酮

大豆异黄酮是大豆生长过程中形成的次级代谢产物，大豆籽粒中异黄酮含量为 0.05%~0.7%，主要分布在大豆种子的子叶和胚轴中，种皮中极少。虽然大豆胚轴中异黄酮浓度约为子叶的 6 倍，但由于子叶占大豆籽粒重的 95% 以上，因此大豆异黄酮主要分布在大豆子叶中。

1.大豆异黄酮的组成与性质

目前已经发现的大豆异黄酮共有 15 种，分为游离型的苷元和结合型的糖苷两类。苷元占总量的 2%~3%，糖苷占总量的 97%~98%。

目前已分离鉴定出 3 种大豆异黄酮，即染料木黄酮、黄豆苷元和大豆黄素。大豆籽粒中，50%~60% 的异黄酮为染料木黄酮，30%~35% 的异黄酮为黄豆苷元，5%~15% 的异黄酮为大豆黄素。

大豆异黄酮是一类具有弱雌性激素活性的化合物，呈淡黄色，具有酚的性质，难溶于水，对湿热稳定。其中苷元比糖苷的难闻气味更强，尤其是染料木黄酮和黄豆苷元。苷元一般难溶或不溶于水，可溶于甲醇、乙醇、乙酸乙酯、乙醚等有机溶剂及稀碱中，无旋光性。糖苷则可溶于热水，易溶于甲醇、乙醇、吡啶、乙酸乙酯及稀碱中，难溶于苯、乙醚、氯仿、石油醚等有机溶剂，具有旋光性。

异黄酮在大豆中的存在形式主要为丙二酰基异黄酮糖苷，乙酰糖苷和配基形式很少。但是丙二酰基一般不太稳定，在加热的情况下易被转化成相应的异黄酮糖苷，而异黄酮糖苷能被水解产生 1 分子的异黄酮苷元和 1 分子的葡萄糖。

大豆异黄酮显酸性，与钠汞齐在酸性条件下反应生成红色化合物，与醋酸镁甲醇溶液反应显褐色。此外，大豆异黄酮还具有苦味和收敛性，其阈值为（10~4）~（10~2）mmol/L。

2.大豆异黄酮的生物活性

长期以来，大豆异黄酮被视为大豆中的不良成分。但近年的研究表明：大豆异黄酮对癌症、动脉硬化症、骨质疏松症以及更年期综合征具有预防甚至治愈作用。自然界中异黄酮资源十分有限，大豆是唯一含有异黄酮且含量在营养学上有意义的食物，这就赋予大豆及大豆制品特别的重要性。其生物活性重点表现在以下方面：

（1）类雌激素和抗雌激素的作用

雌激素是女性的主要生殖激素，对骨代谢起着重要的调节作用。雌激素水平降低，对成骨细胞的刺激作用减弱，使骨形成和骨吸收平衡失调，它是绝经后妇女患骨质疏松症的最重要的原因。从20世纪40年代起，用雌激素补充疗法治疗骨质疏松症被证明是有效的。异黄酮的双羟基酚式结构与动物体内雌激素的结构类似，异黄酮在内源性雌激素水平较低时表现为雌激素激动剂的作用，而当水平偏高时，它能在占据雌激素受体后又会表现出抗雌激素作用。人体每天摄入45g大豆食品，血液中金雀异黄素（Gen）的浓度可达到120~148mg/mL，黄豆苷（Gly）的浓度可比女性正常的血清雌二醇浓度高出200倍以上。

（2）维持骨吸收和骨形成平衡的作用

骨骼成熟后，会不断进行更新与改造，即旧骨不断被吸收、新骨不断形成，这一复杂过程就是骨的再建。雌激素属类固醇激素，通过细胞内受体发挥作用，可直接作用于成骨细胞，对维持骨吸收和骨形成的平衡具有极为重要的作用。所以，雌激素水平降低易导致骨形成抑制、骨吸收亢进。但从骨代谢的整体来看，因雌激素缺乏而形成的骨质疏松属于骨形成和骨吸收均发生亢进的高转换型骨质疏松，雌激素能同时抑制两者的代谢转换，维持骨密度。流行病学调查表明，常吃大豆食品的日本、中国等国，其居民骨质疏松症的发病率远远低于美国等不吃或少吃大豆食品的国家。艾尔特曼等研究发现，绝经后的妇女食用6个月大豆分离蛋白与食用含酪蛋白食品相比，其骨中的矿物质含量明显增加。

（3）影响骨代谢中细胞因子的作用

雌激素能通过钙调节激素间接地对骨代谢产生影响。恩斯特发现，异黄酮可促进大鼠成骨细胞产生胰岛素样生长因子（IGF-Ⅰ），由于IGF-Ⅰ的产生增强，使雌激素受体过度表达；另外还发现异黄酮能促进成骨细胞中转化生长因子（TGF-β）的产生，对甲状旁腺素（PTH）、降血钙素（CT）等激素的分泌和维生素D合成也有重要影响。

（4）抗癌的作用

大豆异黄酮具有抗癌、抗恶性细胞增殖的作用，其能诱导恶性细胞的分化、抑制细胞的恶性转化、抑制恶性细胞侵袭，并对肿瘤转移有明显的治疗作用。大豆异黄酮的这些作用与其抗雌激素，抑制 DNA 拓扑异构酶和蛋白酪氨酸激酶，诱导细胞分化和凋亡以及抑制血管增生等有关。

大豆异黄酮的抗癌作用机制主要表现如下：

①抗雌激素作用

众多资料显示性激素与致癌有关，其途径是通过细胞分裂，有 1/3 左右的癌症是由于性激素原因所致，子宫癌对不断增加的雌激素接触尤其敏感。长期使用雌激素可使患子宫癌的危险性提高 10~20 倍。大豆中含有的异黄酮，具有抗雌激素作用，因而有预防乳腺癌发生的作用。体内外各种分析均显示，异黄酮是很弱的雌激素，其生物学效应相当于己烯雌酚或雌二醇的 $1 \times 10^{-5} \sim 1 \times 10^{-3}$。

②抑制重要酶的活性的作用

异黄酮能抑制人体内多种控制甾体激素合成与代谢的酶，这种抑制过程表现在与 ATP 竞争性抑制和与蛋白质底物呈非竞争性抑制两个方面。Gen 在低至 3μg/mL 浓度时即可表现出对拓扑异构酶Ⅱ（ToPoⅡ）的微弱抑制，产生完全抑制则要求浓度大于 50μg/mL。学者研究发现，Gen 不仅在体外抑制纯化的拓扑异构酶Ⅱ的解链活性，也使完整细胞内与蛋白质结合的 DNA 链断裂。以上两种酶参与和控制基因转录、信号传递和细胞增殖等重要过程。

③诱导细胞分化的作用

据报道，Gen 在 10μg/mL 浓度下可诱导 HL60 细胞和 K562 白血病细胞分化，并抑制其增殖。分化成熟的 HL60 细胞获得了氯化硝基蓝四氮唑蓝（NBT）还原能力、非特异性酯酶染色能力及单克隆抗体 OKMI 反应能力。分化成熟的 K562 细胞获得了合成血红蛋白的能力。

④抑制新的血管的生成的作用

恶性肿瘤在孕育时需要生成新的血管来供应氧气和养料，异黄酮在恶性孕育中可有效地阻滞新血管的生成，断绝养料来源，从而延缓或阻止肿瘤转变成癌症。异黄酮能减少克隆牛微血管内表皮细胞中血纤维蛋白溶酶原激动剂和抑制剂的合成量，并能抑制纤维细胞生长因子诱导的内表皮细胞的转移。

⑤诱发细胞程序性死亡、提高抗癌药物的疗效的作用

大豆异黄酮对体外培养细胞周期有干扰作用，Gen 和大豆素（Dai）可使白血病细胞周期阻滞在 G_1 期、G_2 期、G_2/M 期或 S 期。异黄酮浓度的高低对细胞的作用不同，低剂量（5~10pg/mL）Gen 使 Jurkat 细胞周期阻滞于 G_2/M 期，而在高剂量（20-30μg/mL）

时则扰乱了 S 期的进行，并诱发产生细胞程序性死亡。对胃癌细胞系的研究也证实，Gen 在较低浓度时呈现抑制细胞生长作用，在较高浓度时则呈细胞毒性，并观察到细胞凋亡。

（5）抗氧化的作用

人体中的活性氧和自由基是引发衰老、癌变和细胞损伤的重要原因。Gen 能强烈地抑制促癌剂十四烷基酰佛波醇醋酸酯（TPA）诱发的多形核细胞及 HL60 细胞中过氧化氢的形成，并能中等强度地抑制 HL60 细胞中超氧阴离子自由基的产生。Dai 也能抑制 TPA 诱发的过氧化氢形成和黄嘌呤/黄嘌呤氧化酶系统中的超氧阴离子自由基，效果比 Gen 稍弱。大豆异黄酮能保护 DNA 不被氧化破坏，从而有效地消除紫外线所引起的 8-羟基-2-脱氧鸟苷的形成和小牛胸腺 DNA 的损伤。大豆异黄酮能抑制小鼠肝组织匀浆液中脂质的过氧化作用，能防止维生素 C 的氧化。

（6）调节免疫功能的作用

20mg/kg 剂量的大豆异黄酮能明显提高小鼠胸腺的质量和腹腔巨噬细胞的吞噬功能，明显提高空斑形成细胞的溶血能力和外周血液 T 淋巴细胞的百分率。怀孕母猪在妊娠后期口服 5mg/kg 大豆异黄酮可明显提高对特异性抗原（猪瘟疫苗和绵羊红细胞）刺激产生的免疫应答反应，即血清和初乳中猪瘟抗体和溶血素水平显著提高；使新生仔猪血液中的母源抗体水平显著提高，仔猪 20 日龄内死亡率显著降低。学者研究显示，Gen 能抑制 CD28 单克隆抗体诱发的人 T 细胞增殖，抑制白细胞介素-2（IL-2）的合成、受体表达和白三烯 B 的合成。

（7）对心血管的防护作用

大豆异黄酮的母核结构类似黄酮类化合物，因此在生理活性方面也与黄酮类物质相似，表现出对心血管的保健作用，如抗血栓和降血脂作用。

（8）缓解妇女更年期综合征的作用

大豆异黄酮能缓解妇女更年期因雌激素分泌量的急剧下降而引起的更年期综合征。流行病学研究表明，在常吃大豆食品的亚洲国家，妇女更年期综合征的发病率只有美国的 1/3。欧洲妇女更年期潮热的发病率高达 70%~80%，而中国仅有 18%，新加坡为 14%。绝经期妇女食用大豆食品 6~12 周，能使潮热的发作频率下降 40%~45%。澳大利亚研究者发现，更年期的妇女如果每天食用 45g 大豆粉，其更年期综合征的发病率就会降低 40%。

（9）其他作用

哺乳动物妊娠后期在饲料中添加异黄酮，可促进乳腺发育，提高母乳品质与数量，促进胎儿生长，提高动物的初生体重。异黄酮能提高内源性睾酮水平和 IGF-Ⅰ水平，降低分解代谢，提高雄性动物生长速度，可以用作雄性动物的生长促进剂。0.005%的游离异黄酮就可以抑制真菌活性，但浓度超过 0.1%却没有显著的增强作用。

（三）大豆低聚糖

1.大豆低聚糖的组成与性质

大豆低聚糖广泛存在于植物中，以豆科植物含量居多。从大豆籽粒中提取出的大豆低聚糖是一类可溶性低聚糖的混合体，其主要成分有水苏糖、棉子糖和蔗糖。水苏糖和棉子糖都是由半乳糖、葡萄糖和果糖组成的支链杂低聚糖，是在蔗糖的葡萄糖基一侧以 α（1-6）糖苷键连接 1 个或 2 个半乳糖。

大豆中的低聚糖含量因品种、栽培条件不同而异，其大致范围是水苏糖为 4%左右、棉籽糖为 1%左右、蔗糖为 5%左右。大豆中的水苏糖、棉子糖在未成熟期几乎没有，到成熟期含量增加，且随着发芽而减少。另外，收获后的大豆即使贮存于低于 15℃的温度，60%相对湿度以下的条件下，水苏糖、棉子糖仍会减少。

大豆低聚糖的甜味特性接近蔗糖。甜度为蔗糖的 70%左右，能量值约为蔗糖的 1/2。如果单由水苏糖和棉籽糖组成的改良大豆低聚糖，则甜度为蔗糖的 22%，能量值更低。大豆低聚糖具有很好的热稳定性，在 140℃高温下也不会分解，对酸的稳定性略优于蔗糖。大豆低聚糖，在酸性条件下对热稳定。人体内的消化酶不能分解水苏糖、棉了糖，因而不能形成能量。但人体肠道内的双歧杆菌属中的几乎所有菌种都能利用水苏糖和棉籽糖，而肠道内的有害细菌则几乎都不能利用。

2.大豆低聚糖的生物活性

（1）促进双歧杆菌增殖的作用

人体虽然不能直接利用大豆低聚糖，但其可以被肠道内细菌利用，并且能引起双歧杆菌的增殖，从而抑制有害细菌如产气荚膜芽孢杆菌的生长。因此，若从促进双歧杆菌增殖的角度着手研究，远比研究双歧杆菌的稳定性好得多，而且在各种食品中应用也较方便。因为，人的肠道内存在一百多种细菌，其中双歧杆菌是占优势的菌种之一，该菌对维持人体健康具有重要作用。然而，学者已经发现，随着人年龄的增长，肠道内的双歧杆菌有减少甚至消失的趋向。双歧杆菌增殖的方法大致可分为经口双歧杆菌的方法和使生长在肠道内的双歧杆菌增殖的方法两种；后者主要是研究和开发能促进双歧杆菌在肠道内增殖的物质。双歧杆菌，对水分、温度、酸等耐力弱，因此含双歧杆菌的制品从制造到流通过程必须严格管理；而口服双歧杆菌也会受到胃酸和胆汁的作用而使活菌数减少，要保持活的双歧杆菌的作用，较为困难，故大豆低聚糖的研究是学界重点研究对象。

目前，生产的大豆低聚糖产品主要有大豆低聚糖浆和颗粒状大豆低聚糖。大豆低聚糖中对双歧杆菌有增殖作用的因子水苏糖和棉子糖，它们在糖浆产品中约占 24%，颗粒状产品中约占 30%。有实验表明，成年人每天摄取 10g 大豆低聚糖（含 70%水苏糖和20%棉籽糖），1 周后 1g 粪便中的双歧杆菌数由原来的 10^8 增至 $10^{9.6}$，而肠内腐败细菌数有所减少；即使少量摄取，也可起到促进双歧杆菌增殖的作用。

（2）抑制肠道内产生有毒物质的作用

大豆低聚糖在肠道内被双歧杆菌吸收利用后，能被发酵降解成短链脂肪酸（主要是醋酸和乳酸，摩尔比为 3∶2）和一些抗菌物质，可降肠道内的 pH 值，抑制外源性致病菌和肠道内固有腐败细菌的增殖，从而减少有毒发酵产物及有害细菌酶的产生。

（3）其他作用

大豆低聚糖在体内还与维生素 B 群合成有关；促进肠道的蠕动，防止便秘；有一定的预防和治疗细菌性痢疾的作用，提高人体的免疫力；分解致癌物质等。

（四）大豆磷脂

大豆磷脂是指以大豆为原料所提得的磷脂类等物质，由其他原料提得的则分别称为花生磷脂、菜籽磷脂、蛋黄磷脂等。大豆磷脂作为重要的营养保健食品，已风靡美国、日本及欧洲各国。

1.大豆磷脂的组成与性质

大豆磷脂是卵磷脂、脑磷脂、磷脂酰肌醇、游离脂肪酸等成分组成的复杂混合物，共有近 40 种含磷化合物，其中最主要的是磷脂酰胆碱。

大豆磷脂为白色蜡状固体，易溶于乙醚、三氯甲烷、苯等溶剂，不溶于丙酮和水等极性溶剂；易吸水，吸水后膨胀为胶体。低温下可结晶。磷脂易氧化，在空气中放置一段时间后，其白色逐渐变成褐色，最后呈棕黑色。磷脂不耐高温，100℃以上即氧化，直至分解，280℃时生成黑色沉淀。磷脂具有乳化性，可使水和油溶性物质形成乳化液。天然磷脂乳化性不强，在热水或 pH8 以上的液体中极易乳化，但是酸式盐类可破坏大豆磷脂的乳化，形成分层沉淀。

2.大豆磷脂的生物活性

磷脂可以用于调节血脂、调节免疫、延缓衰老和改善记忆功能等保健食品的开发生产。其生物活性主要表现在以下几个方面：

（1）强化大脑功能、增强记忆力的作用

大脑的思维活动是以脑细胞之间的"联系"为前提的，而这种联系是以乙酰胆碱为基础的。如果乙酰胆碱缺少，这种联系就会减弱，时断时续，直至完全中断，即思维能力的减退，记忆力减退，直至记忆丧失。胆碱是卵磷脂的基本成分，卵磷脂的充足供应将保证有充分的胆碱与人体内的乙酰基合成乙酰胆碱，从而为人脑提供充足的信息传导物质，进而提高脑细胞的活化程度，提高记忆力与智力水平。

此外，儿童阶段是大脑发育的关键时期，而磷脂是大脑细胞和神经系统不可缺少的物质。人脑约含 30%磷脂，在各组织中占首位，约为肝肾的 2 倍、心肌的 3 倍。磷脂的代谢与脑的机能状态有关，补充磷脂能使儿童注意力集中，促进脑和神经系统的发育，使脑突触活动迅速而发达，使处于睡眠中的一小部分脑细胞活跃起来，从而保证儿童的健康，改善学习和认知能力，其记忆力和学习能力可提高 20%~25%。

（2）延缓衰老的作用

人体的衰老是细胞在新陈代谢过程中的死亡数大于再生数，而细胞膜则控制着细胞的新陈代谢过程。此外，细胞间的热量生成与转移、信息传导、外部侵害的抵御能力和细胞的自身修复能力、细胞活性与再生能力等均与细胞膜的健康程度直接相关。细胞膜主要是由磷脂、蛋白质和胆固醇组成，老化的细胞膜中的胆固醇含量比年轻细胞膜中的量要高得多，胆固醇含量高的后果就是膜的硬化。硬化的细胞膜会减慢对维持生命活动非常重要的物质交换，结果导致细胞老化乃至整个有机体衰老。

增加磷脂的摄入量，特别是像大豆磷脂这类富含不饱和脂肪酸的磷脂，能调整人体细胞中磷脂和胆固醇的比例，增加磷脂中脂肪酸的不饱和度，有效改善细胞膜的功能，使之软化、年轻化，从而提高人体的代谢能力、自愈能力和机体组织的再生能力，增强整个机体的生命活力，从根本上延缓人体的衰老。

（3）降低胆固醇、调节血脂的作用

大豆磷脂具有显著降低胆固醇、甘油三酯、低密度脂蛋白的作用。其主要原因是大豆磷脂具有良好的乳化作用，阻止胆固醇与脂肪的运输与沉积，并能除去过剩的甘油三酯。大豆磷脂能使动脉壁内的胆固醇易于排至血浆，并从血浆进入肝脏后排出体外，从而减少胆固醇在血管内壁的沉积。磷脂能给脑细胞周围的毛细血管运输新鲜氧气和营养，使血液流动畅通，改善脂肪的吸收和利用，缩短脂肪在血管内存留的时间，减少血清中胆固醇含量，清除部分胆固醇沉淀。

（4）维持细胞膜结构和功能完整性的作用

人体所有细胞中均含有卵磷脂，是细胞膜的主要组成部分，被称为"生命的基础物质"。磷脂中的卵磷脂可以提高神经系统中乙酰胆碱的含量，能提高大脑与血液循环系统之间的联系，修复损伤的脑细胞，促进动脉硬化斑块消失，有效预防和改善老年痴呆症；同时，也可以改善因精神紧张所导致的急躁、易怒等，能够促进脑神经系统与脑容量的增长和发育。

（5）保护肝脏的作用

磷脂酰胆碱是合成脂蛋白所必需的物质，肝脏内的脂肪能以脂蛋白的形式转运到肝外，被其他组织利用或贮存。所以，适量补充磷脂既可防止脂肪肝的形成，又能促进肝细胞再生，是防治肝硬变，恢复肝功能的保健佳品。

（6）增强免疫功能的作用

有人以大豆磷脂脂质体进行巨噬细胞功能试验，结果发现巨噬细胞的应激性明显增加。研究发现，喂食大豆磷脂的大鼠，其淋巴细胞转化率提高，E玫瑰花结形成率明显增加，说明大豆磷脂具有增强机体免疫功能的作用。大豆磷脂也有增强人体淋巴细胞DNA合成的功能。

对胆石症的作用磷脂在胆汁中形成的微胶粒有助于胆汁中的胆固醇呈溶解状态，若胆汁中胆固醇过多或磷脂减少，则胆汁中的胆固醇由于饱和而出现致石性胆汁，在胆汁中析出胆固醇结晶而形成胆结石。在胆固醇结石的胆汁中，磷脂含量只有正常胆汁的1/3。资料表明口服磷脂能够增强胆汁溶解胆固醇的能力，使更多的胆固醇处于溶解状态，从而可防止胆结石的形成。

（五）大豆皂苷

皂苷又名皂素、皂草苷，是类固醇或三萜系化合物的低聚配糖体的总称，在植物组分中分布很广，大豆中约占干基的2%，脱脂大豆中的含量约为0.6%。皂苷多数呈中性，少数为酸性,易溶于水和90%以下的酒精溶液,难溶于酯和纯酒精中。植物中皂苷可用热酒精抽出,冷却后即折出粗皂苷。另外可加醋酸铅沉淀,从沉淀物中除去铅,再用有机溶剂精制,可得纯皂苷。皂苷对热稳定,但在酸性条件下遇热易分解,因此提取时要注意操作条件。由于皂苷具有溶血性和鱼毒性等性质,皂苷一般被看作是抗营养成分。在试管内的试验发现,皂苷对红细胞显示出溶血作用。但是动物试验没有发现皂苷被胃和小肠吸收,在血液中也未检出。

1.大豆皂苷的组成及性质

大豆皂苷为苷类化合物的一种,具有溶血活性和发泡特性,达到一定浓度时具有苦涩味。大豆中至少含有5种大豆皂苷精醇,可分别与半乳糖、葡萄糖、鼠李糖、木糖、阿拉伯糖、葡糖醛酸失水缩合而成大豆皂苷。大豆皂苷在大豆中的含量达0.1%~0.5%。大豆子叶中含量为0.2%~0.3%,下胚轴中高达2%。大豆皂苷对热稳定。虽然某些植物中的皂苷对动物生长具有抑制作用,但没有证据表明大豆皂苷是抗营养因子;相反,近年的研究表明,大豆皂苷具有抗高血压和抗肿瘤等活性。目前,学者至少已经分离出10种主要的大豆皂苷。

大豆皂苷性状呈黄色至淡黄褐色粉末,有特殊臭味,味略苦。溶于水、甲醇、稀乙醇,有混浊。不溶于四氯化碳、乙醚、乙烷、三氯甲烷,其熔点212℃~242℃。已知由15种不同组分混合而成,可分为A、B两组(另有不同的命名法)。目前从大豆皂苷中分离出的糖类有半乳糖、葡萄糖、鼠李糖、木糖、阿拉伯糖、葡糖酸,这些糖的总含量在24%~27%之间。

天然品存在于大豆中,总大豆皂苷含量约为0.25%(野生大豆可高达4.35%)。其加工制品中大豆皂苷含量:豆乳约为0.05%,豆腐约为0.05%,豆渣约为0.02%,豆酱约为0.07%,腐竹约为0.4%。

2.大豆皂苷的生物活性

大豆皂苷的生物活性主要表现在以下几个方面:

(1)调节血脂的作用

大豆皂苷能增加胆汁分泌,降低血中胆固醇和甘油三酯含量,预防高脂血症。

(2)调节血糖的作用

通过对大鼠的试验表明,肌注大豆皂苷能降低糖尿病大鼠血糖和血小板聚集率,提高胰岛素水平。

（3）防止肥胖的作用

肥胖者每天进食 50mg 大豆皂苷，可产生减肥作用。

（4）抗病毒的作用

对被病毒（包括艾滋病毒）感染的细胞有很强的保护作用，如对单纯疱疹病毒Ⅰ型（HSV-Ⅰ）、柯萨奇 B_3（CoxV-B_3）病毒的复制有明显的抑制作用。临床应用研究表明，大豆皂苷对疱疹性口唇炎和口腔溃疡效果显著。大豆皂苷具有广谱抗病毒的能力，无论是对 DNA 病毒还是 RNA 病毒都有明显作用。

（5）抗血栓的作用

大豆皂苷抑制由血小板减少和凝血酶引起的血栓纤维蛋白形成；可抑制纤维蛋白原向纤维蛋白的转化；并可激活血纤维蛋白溶解酶系统的活性。

（6）抑制肿瘤细胞生长

大豆皂苷可直接对毒细胞作用，破坏肿瘤细胞膜的结构或抑制 DNA 的合成，对 S180 细胞和 YAC-Ⅰ细胞的 DNA 合成有明显抑制作用，对 K562 细胞和 YAC-Ⅰ细胞有明显的细胞毒作用。

（7）通过自身调节

能增加超氧化物歧化酶（SOD）的含量，清除自由基，具有抗氧化和降低过氧化脂质（LPO）的作用。以促进 DNA 的损伤修复和消除某些皮肤疾患。

（8）免疫调节的作用

大豆皂苷能明显促进 Con A 和 Lps 对小鼠脾细胞的增殖反应，能明显增强脾细胞对 IL-2 的反应性，增加小鼠脾细胞对 IL-2 的分泌，并明显地提高 NK 细胞、LAK 细胞毒活性，从而表现出明显的免疫调节作用。

（9）延缓衰老的作用

大豆皂苷对雌雄果蝇的平均存活天数及平均最长生存天数延长 4~7d（雄性果蝇延长 7d，雌性果蝇延长 6d）。北京大学的试验结果也证明，中高剂量的大豆皂苷可使果蝇寿命平均延长 8.0%~9.0%。北京宣武医院的试验证明，大豆皂苷可使人胚肺成纤维细胞（HELDF）生长寿命比对照组细胞延长 30%左右（对照组只生长了 51 代，而添加了皂苷溶液组的细胞生长了 84 代）。

（10）其他功能

对大豆皂苷生物学功能的研究报道还有很多，如大豆皂苷可加强中枢交感神经的活动，通过外周交感神经节后纤维释放去甲肾上腺素和肾上腺髓质分泌的肾上腺素，可作

用于血管平滑肌的 α 受体，使血管收缩；作用于心脏的 β 受体，加快心率和增强心肌的收缩力而引起血压升高。此外还有大豆皂苷防止动脉粥样硬化，抗石棉尘毒性等的报道。

（六）大豆膳食纤维

1.大豆膳食纤维的组成及性质

大豆膳食纤维的主要成分是非淀粉多糖类，它包括纤维素、混合键的 β-葡聚糖、半纤维素、果胶和树胶。大豆膳食纤维的各个成分特点是其所含糖的残基及各个糖基之间的键合方式。纤维素和混合键的 β-葡聚糖是由 β-1，4-键合的葡萄糖多聚体，在混合键的 β-葡聚糖中还间杂有以 β-1，3-键连接的键合形式。

大豆膳食纤维按其水溶性不同分为可溶性纤维和不可溶性纤维两大类。可溶性大豆膳食纤维的多糖可分散于水中，包括果胶、树胶、黏液和部分纤维素，而不是真正的化学上的可溶；不可溶性大豆膳食纤维的多糖在水中难以分散，包括纤维素、半纤维素和木质素。

大豆膳食纤维没有还原性和变旋现象，也没有甜性，而且大多数难溶于水，有的能和水形成胶体溶液。大豆膳食纤维不溶于有机溶剂，只能溶于铜氨溶液，加酸时膳食纤维又沉淀出来。大豆膳食纤维是具有不同形态的固体纤维状物质，不能熔化，加热到200℃以上则分解。大豆膳食纤维是以葡聚糖苷键形成的高分子化合物，糖苷键对酸不很稳定，它能溶于浓硫酸和浓盐酸中，并同时发生水解。对碱则比较稳定。大豆膳食纤维中的纤维素可以被稀酸完全水解成 D-葡萄糖，若控制使其不完全水解则可以得到纤维二糖，则可说明大豆膳食纤维中纤维素的结构单位是纤维二糖。

2.大豆膳食纤维的生物活性

（1）调节血脂、降低胆固醇的作用

大豆膳食纤维对阳离子有结合和交换能力，可与 Ca^{2+}、Pb^{2+}、Zn^{2+}、Cu^{2+}等进行交换。在离子交换时改变了阳离子瞬间浓度，起到稀释作用，故其对消化道 pH 值、渗透压及氧化还原电位产生影响，形成一个缓冲环境。更重要的是它能与肠道内 Na^+、K^+进行交换，从尿液和粪便中大量排出，从而降低血液中的 Na^+、K^+值，直接产生降低血压的作用。

（2）能改善血糖生成反应的作用

大豆膳食纤维能防治糖尿病，具有调节血糖的作用，其作用机理是大豆膳食纤维在肠内可形成网状结构，增加肠液的黏度，使食物与消化液不能充分接触，阻碍葡萄糖的扩散，使葡萄糖吸收减慢，从而减慢葡萄糖的吸收而降低血糖含量，改善葡萄糖耐量和减少降血糖药物的用量，起到防治糖尿病的作用。这对糖耐量障碍患者所发生的胰岛素和血糖值升高，有抑制调节作用。

（3）改善大肠功能的作用

大豆膳食纤维可影响大肠功能，其作用包括缩短食物在大肠中的通过时间、增加粪便量及排便次数、稀释大肠内容物，以及为正常存在于大肠内的菌群提供可发酵的底物。

（4）降低营养素利用率的作用

大豆膳食纤维有吸附杂环胺化合物并降低其生物活性的作用。杂环胺是烹饪加工蛋白质食物时，由蛋白质、肽、氨基酸的热解物中分离的一类，它是致突变、致癌的氨基咪唑氮杂环芳烃类化合物。因此，增加大豆膳食纤维的摄入量，对防止杂环胺的可能危害有积极作用。此外，大豆膳食纤维还具有膳食纤维的相关特性。

第三节　朝鲜族传统大酱加工技术

一、原料

朝鲜族传统大酱的原料简单，主要有大豆、食盐和水。制作工艺简单，经蒸豆、发酵酱引子、下酱等简单工艺完成。

（一）大豆（黄豆）

酱的质量好坏首先取决于大豆的品质，选取优质的大豆是生产酱的最基本条件。一般大豆选用当年秋收的新大豆，要求蛋白质含量高，比重大，干燥无霉烂变质，颗粒均匀无皱皮，无豇豆（石豆）、青豆，皮薄，富有光泽，无泥沙，杂质少。

（二）食盐

食盐赋予酱类咸味，并具有杀菌防腐作用，还可以增加豆类蛋白质的溶解度，增加成品鲜味。宜选用日晒盐，不易加碘盐。

（三）水

水质的好坏对大酱风味和口味的形成也有影响。一般选用软水，硬水则烧开之后使用。工厂生产大酱，其用水应符合居民生活饮用水的标准。酸性水会使大豆吸水慢，膨胀不佳而影响蒸煮效果。

二、朝鲜族传统大酱的加工工艺

大豆要变成美味的大酱，要经历很长时间，即要经历选豆、酱醅、大酱的脱胚等阶段。每年冬至前夕，朝鲜族人家开始做大酱。精选收获的新大豆，去除泥沙和虫瘪粒，加水浸润，捞出蒸煮、捣碎成豆泥，造型和自然发酵 3 个月左右，获得酱醅。到农历三月十七日前夕，是北方地区下酱的最好时期。朝鲜族人家选择吉日，将发酵好的酱醅取下，洗净表面的灰尘和菌丝，破碎晾晒去除发酵的臭味。然后，浸泡在食盐水中，放置在阳光烈日下再次发酵 3 个月左右。大豆变成大酱，一般需要半年的时间，经历一个漫长的发酵成熟期。

（一）工艺流程

1.酱醅制造工艺流程
大豆→精选、清洗→浸泡→蒸煮→破碎→造型→捆绑→吊挂→自然发酵
2.酱油制造工艺流程
酱醅→清洗→破碎→晾晒→装容器→加盐水→自然发酵→提取酱卤→浓缩→传统酱油
3.大酱制造工艺流程
除掉酱油的固形物→破碎→加盐→装容器→封顶→封口→自然发酵→传统大酱（稠酱）

（二）操作要点

1.酱醅的制造方法

（1）精选和清洗黄豆：选取优质黄豆进行清洗，洗去尘土和附着的其他杂质。

（2）浸泡：用温水浸泡8～10h，直到浸透为止。大豆组织是以胶体的大豆蛋白质为主，浸泡时使大豆种皮由硬变软，大豆蛋白质吸水膨胀，有利于微生物的生长繁殖和酶的分泌。浸泡大豆的水以软水和中性水为佳。酸性水会使大豆吸水慢，膨胀不佳而影响制曲效果。浸泡时间以夏天4~5h，冬季8~10h，夏季浸泡时应经常换水。因为浸泡水温度高，而引起微生物的繁殖，产生异味。浸泡大豆用水量与大豆数量比一般以1：3左右为宜，大豆会涨到2~2.5倍。

（3）蒸煮：把浸泡的大豆放入大锅蒸煮，注意焦糊，严防溢出，大约煮2h。

（4）破碎：将煮好的大豆破碎，传统的破碎方法利用石臼碾成豆沙状，利用绞碎机绞碎也可。

（5）造型：将破碎后的豆泥做成锥形、方形或扁圆形等形状的酱坯。

（6）捆绑、吊挂：把造型后的酱坯用稻草系好，目的是利用稻草上的微生物，如霉菌、细菌、酵母菌等进行发酵制曲；将捆绑好的酱坯吊挂在房屋内温暖的地方房梁或墙体上，进行自然发酵。

（7）发酵：传统大酱的酱醅利用环境中的微生物发酵而成。入冬之后一般选择冬月，焯豆制醅并发酵。朝鲜族一般不在腊月做酱，因为其认为腊月做酱影响大酱的风味。传统大酱的酱醅发酵在寒冷的冬季，所以一般选择房屋温暖的地方，如房梁或墙体，吊挂发酵。因气温低，发酵微生物的繁殖能力低，酶活力也小，需要较长的发酵时间。但天然发酵的酱醅中含有多种微生物（除霉菌外还存在酵母菌、细菌等），所以在发酵过程中在各种酶系作用下，成品风味浓厚，但产品质量不稳定，风味差异较大。发酵时间一般为1~3个月。

传统制曲方式存在发酵时间长、受环境因素影响较大、质量不稳定等问题，所以现代化的朝鲜族大酱加工厂采用人工接种方式生产酱曲，即筛选分泌蛋白酶活力较高的微生物为生产菌株，将其接种到蒸煮、破碎后的大豆中，在适宜条件下，发酵48~72h。生产用发酵剂有米曲霉、黄曲霉、枯草芽孢杆菌和纳豆杆菌等。因为，发酵剂的蛋白酶活力高，控制发酵室温度、湿度、通风量保持恒定，原料分解速度快，产品质量稳定，能实现大酱的自动化、标准化、工业化生产。

2.传统酱油的制造方法

（1）酱醅的清洗和破碎

用刀、刷子等去除表面的菌丝、灰等杂物，用清水洗净，再将酱醅破碎。

晾晒：将清洗和破碎好的酱醅，在阳光下暴晒 7d 左右。

盐水浸泡、发酵：利用软水和精盐，酱醅、水和盐的比例为 1∶4∶0.8，将酱醅放入容器内，加盐水淹没酱醅，上面放红辣椒和烧好的木炭、大枣，以去除杂味；用纱布等包好容器口，盖上盖，放置在温暖的地方发酵 60~90d。

（2）提取酱油

发酵 40~50d 后，出现酱的香气，当看到红棕色的酱卤时，将其分开。酱卤加热浓缩，制成酱油，俗称"土酱油"。

（3）酱醅的再次发酵

对提取酱卤之后的固形物，将入适量的盐，均匀混合，调节咸淡，再装入容器内，放置在温暖的地方进行后期发酵。此时，最上面撒一层盐，用纱布封好容器口，防止虫子飞入，放置在阳光下，发酵 40~50d 即得到成熟的传统大酱，即朝鲜族"稠酱"。

第四节　朝鲜族传统大酱发酵微生物及其作用

朝鲜族传统大酱作为传统发酵豆制品之一，是以大豆为主要原料，经霉菌、酵母菌和乳酸菌等多种微生物协同发酵而成，因其独特的风味，长期以来深受人们的喜爱。朝鲜族传统大酱含有蛋白质、蛋白黑素、肽类、异黄酮等多种对人体健康有益的活性物质，具有极好的保健功能。朝鲜族传统大酱的生产过程主要分为两个阶段，前期制曲和后期发酵，其中制曲又称制醅，此阶段尤为重要，其不仅为豆酱发酵提供丰富的微生物资源，也为后期发酵提供了良好的物质基础，制醅的好坏将直接影响大酱的风味。目前，工业制醅大多采用人工接种制醅法，如添加米曲霉（As 黑曲霉），而在我国的农村地区，大多采用天然接种制醅法，相比人工接种制醅，天然接种制醅法发酵时间较长。酱醅发酵成熟后，将其按比例添加到一定浓度的盐水中自然发酵，直至发酵成熟，此过程为后期发酵。

一、酱醅的微生物及其作用

豆酱作为传统大豆发酵产品，近年来其发酵过程正不断地被科研工作者剖析，而第二代测序技术则提供了重要的技术支持。有学者利用焦磷酸测序技术对酱醅多样性的研究表明，芽孢杆菌属是酱醅发酵过程中的优势细菌菌属，而乳酸菌中的优势菌属为肠球菌属。国外学者研究表明粪肠球菌和屎肠球菌是酱醅的优势菌种。而国内也有学者研究酱醅发酵过程中微生物的多样性，安飞宇等采用第二代测序 Illumina MiSeq 方法对酱醅的多样性研究表明，毛霉菌、德巴利氏酵母属、乳杆菌及魏斯氏是酱醅发酵过程中的优势类群。姜静等应用 MiSeq 测序方法对酱醅中微生物多样性进行分析，结果显示乳杆菌属、肠球菌属和明串珠菌属为主要的细菌菌属，青霉菌属、毛霉菌属为主要的真菌菌属。

1.酱醅表面的微生物分布

水分是微生物生长的基本因素，用水分活性度来表示。一般酱醅表面的水活性值（Aw）在 0.75 左右，容易生长好氧性霉菌。这些霉菌的生长大量产生活性高的酶系，如淀粉分解酶、蛋白质分解酶、脂肪分解酶等，将酱醅中的淀粉、蛋白质和脂肪分解成糊精、麦芽糖和葡萄糖，肽和氨基酸，以及氨基酸等物质。

酱醅表面着生的霉菌类主要有根霉菌、毛霉菌、曲霉菌和青霉菌。

（1）根霉菌

酱醅表面着生的根霉菌有黑根霉、华根霉、米根霉、日本根霉等。

（2）毛霉菌

毛霉菌有多量毛霉菌和高大毛霉菌等。

（3）曲霉菌

酱醅表面中最常见的曲霉菌属为米曲霉菌。

（4）青霉菌

酱醅表面常见的青霉菌有青霉菌、羊毛状青霉菌等。

2.酱醅内部微生物分布

一般酱醅内部的水分活性度在 0.9 左右。在此范围内适合细菌生长，如枯草芽孢杆菌和短小芽孢杆菌等兼氧型细菌，其主要分泌淀粉分解酶、蛋白质分解酶、脂肪分解酶等，分解酱醅内部的蛋白质、淀粉、脂肪等物质。

酱醅内部喜欢着生细菌，还有酵母菌和乳酸菌。

（1）细菌类

细菌一般以芽孢杆菌属为主，主要有梭状芽孢杆菌、解淀粉芽孢杆菌和枯草芽孢杆菌，还有肠杆菌属、葡萄球菌属等。

（2）酵母菌类

酵母菌主要有耐高压渗酵母菌属。除此之外还有啤酒酵母、酱油酵母等。

（3）乳酸菌类

乳酸菌主要有明串珠菌属、乳杆菌属、魏斯氏菌属和四联球菌属等。

二、大酱（或酱醪）中的微生物及其作用

朝鲜族传统大酱的后期发酵一般分为两个阶段：一是酱醅浸在盐水中进行发酵的阶段，其混合物叫酱醪；另一阶段是从酱醪中分离酱卤之后，其残渣再次发酵的阶段，其残渣发酵产物叫作传统大酱，即"稠酱"。目前人们广泛认为霉、酵母菌、芽孢杆菌和乳酸菌是传统豆酱发酵的共同关键作用者。学者研究了辽宁省19份传统豆酱的微生物多样性，发现优势细菌有芽孢杆菌属、明串珠菌属和葡萄球菌属，这几种细菌是发酵食品常见的微生物；青霉属、毛霉属和德巴利氏酵母属为传统豆酱的优势真菌属。葛菁萍等还发现米曲霉、伞枝犁头霉和一种不可培养的真菌是传统豆酱中一直占优势的微生物。安飞宇等利用下一代测序技术（Next-GenerationSequencing，NGS）研究发现优势细菌为乳杆菌属和四联球菌属，异常威克汉姆酵母菌也是优势真菌，肠球菌属、假单胞菌属、魏斯氏菌属和不动杆菌属也存在于酱醅和传统豆酱中，并随着发酵的进行发生动态变化。

三、酱醅和大酱微生物关系

不同的发酵体系导致酱醅和酱醪中的优势菌属存在差别，沈弘洋等用 Illumina MiSeq 方法对细菌和真菌进行基因序列分析发现，在细菌的群落结构上，酱醅中优势菌属主要为芽孢杆菌属；盐水发酵阶段，酱醪中四联球菌属为主要优势菌属。

　　张鹏飞等利用 Illumina MiSeq 技术对酱醅与豆酱微生物关系进行了研究,结果表明酱醅和大酱(稀酱)优势菌门基本相同,优势菌门都为子囊菌门和厚壁菌门,变形菌门主要存在于酱醅中;酱醅与大酱中的优势真菌都为青霉菌和毛霉菌,但细菌的组成不同,主要细菌为芽孢杆菌、乳杆菌和四联球菌;此外,不同酱醅发酵的大酱发酵前期细菌群落组成差异明显,随着发酵的进行,优势菌属无明显差异;从而分析解释了酱醅与酱之间微生物关系,更进一步为实现高质量豆酱的工业化生产提供理论指导。

四、传统发酵大酱中生物演替对风味形成的影响

　　传统大酱风味物质的形成与微生物群落息息相关。菌系、酶系、物系的相互作用推动了传统大酱的发酵进程,发酵过程中发生的生化转化来自不同生态位微生物的代谢活动。以发酵优势菌霉菌、酵母菌和乳酸菌为例,从传统大酱的两个发酵阶段出发,分析优势菌群对传统大酱风味的影响。

　　传统大酱制曲阶段,霉菌能利用酱醅中的碳水化合物和蛋白质作为能量与原料大量生长,分泌复杂的酶系,主要包括蛋白酶、淀粉酶、谷氨酰胺酶、果胶酶、纤维素酶和半纤维素酶等,降解的小分子物质之间会发生复杂的生化反应,为酱醪的发酵提供能量的同时还为传统豆酱带来了一定的风味。任何种类的真菌都可能同时释放出数十种不同的挥发物,包括醇类、酮类、酯类、烯烃类、硫醇类、单萜类和倍半萜类等。有研究发现毛霉和青霉会产生霉臭味,从而影响传统豆酱的整体风味。

　　在酱醪发酵阶段,需要洗刷掉发酵好的酱醅表面的霉菌以减少其带来的霉臭味,之后加入盐水浸泡进入液态发酵阶段。霉菌仅在发酵初期有一定丰度,细菌在酱醪中起主导作用。盐水减缓了大部分微生物的生长速度,此时耐盐微生物开始大量繁殖,即耐盐酵母菌和乳酸菌开始发挥作用。酵母菌、乳酸菌的生长繁殖会导致 pH 值下降,一方面抑制了霉菌的生长,另一方面也导致酶系的作用效果降低,使传统大酱的成熟时间延长。在酱醪发酵初期,大豆结合酵母可以发酵葡萄糖生成大量的甘油、甘露醇、乙醇和 4-乙基愈创木酚,与发酵过程中的乳酸菌产物和一些原料分解产物结合,产生传统大酱特有的香味。酵母通过磷酸戊糖途径生成 4-羟基-2(5)-乙基-5(2)-甲基-3(2H)-呋喃酮(HEMF)等呋喃酮类化合物,产生乙醇发酵并生成酯类物质,添加酵母菌发酵能明显增加传统豆酱中挥发性成分的种类。乳酸菌在传统传统豆酱发酵过程中发酵糖类、蛋白

质等大分子物质，使其分解产生醛类、酮类、酯类等一系列小分子物质，从而增加传统豆酱的风味。乳酸菌能与酵母菌产生协同作用，乳酸和乙醇生成乳酸乙酯，和鲁氏酵母生成糠醇，从而产生独特的酱香气。同时乳酸菌发酵产生的乳酸使得体系 pH 值降低，有利于酵母菌的增殖，而酵母菌发酵产生的大量乙醇却会制约乳酸菌的繁殖，乳酸菌和酵母菌在传统豆酱相互作用推动发酵进程。赵建新将植物乳杆菌 630-MO-115、鲁氏酵母 625-YO-125 接种到酱醪后，发现鲜味氨基酸含量和关键风味化合物的含量都有了明显提高。栾春明等使用乳酸菌和酿酒酵母两步发酵生产辣根酱，与未发酵样品相比，酱中醇类、酯类和酸类的含量增加，具有更好的感官品质。酱醪中存在 60 多种乳酸菌，可将葡萄糖转化为乳酸与有机酸，进而影响酵母菌的发酵能力，研究发现在酱醪的发酵后期人工接种乳酸菌和酵母菌，对促进传统大酱发酵、增加风味、改善品质是有利的。

在传统大酱发酵末期，由于乳酸菌生长繁殖快，利用多种糖产生乳酸导致发酵体系 pH 值快速下降，从而抑制了其他菌的生长，pH 值下降到 5 以下时乳酸菌自身的生长也会变缓，这时 pH 值的改变促进了耐盐酵母的生长，鲁氏酵母主要参与酱醪的后熟发酵，生成乙醇和少量的甘油，在高盐度下，能大量生成甘油和醇类物质。进行酒精发酵和产生酯类物质，有利于提高传统豆酱的风味。嗜盐四联球菌在代谢过程中能产生葡聚糖和柠檬酸，进而转化为乙酸异戊酯和戊醇等风味物质。嗜盐四联球菌与植物乳杆菌共生发酵可产生优良的风味，在传统大酱发酵过程中起着重要的作用。传统大酱发酵原料主要影响初级代谢物，而发酵时间对次级代谢物的影响最大，传统大酱发酵末期各种风味变化趋于平衡。邓维琴等研究发现，长时间发酵传统豆酱（54~96 个月）的营养价值和风味更佳，但是其安全性还需要进一步研究。

霉菌、酵母菌和乳酸菌的动态变化为传统豆酱提供了多样的风味物质，传统大酱中其他微生物的演替也会影响传统豆酱的风味。安飞宇等研究发现酱醪中还存在大量的葡萄球菌属，也能够增强传统大酱的风味。学者通过转录组和代谢产物的联合分析，确定了以蛋白原酶乳杆菌、嗜盐四联球菌、酸鱼乳杆菌、粪肠球菌、植物乳杆菌、枯草芽孢杆菌为风味微生物。解淀粉芽孢杆菌被发现主要有助于酸类、含硫化合物和吡嗪的积累，与耐盐酵母菌共同作用可以获得更广泛的香气特征，特别是丰富的酱香和果香。

第五节　朝鲜族传统大酱的营养及保健功能

一、朝鲜族传统大酱发酵过程中营养物质的变化

朝鲜族传统大酱发酵过程中大豆原有的成分发生变化,主要表现在发酵过程中新组分的生成及含量的增加。

1.朝鲜族传统大酱不仅富含人体必需的 8 种氨基酸,且通过发酵其含量由大豆的4%~7%增加到 29%~35%,其中谷氨酸含量最高。在发酵过程中,从乳杆菌和乳链球菌产生乳杆菌肽与乳链球菌肽,具有很强的抑菌作用,被广泛用在医药、食品保鲜等领域。

2.传统大酱有机酸含量增加,其中含量大小依次为草酸、乳酸和苹果酸,此外还产生芳香性有机酸,增加大酱特有的风味。

3.据金风燮等人研究,大酱发酵过程中大豆黄酮类配糖体转化成配基形式,并产生新的化合物,其代表物质有染料木黄酮和黄豆苷。染料木黄酮对白血病、病毒感染、肿瘤等疾病具有防治作用,并具有防辐射及预防骨质疏松的功能;而黄豆苷元具有扩张动脉,增加脑血流量,改善心率,降低血压的作用。

4.据研究发现,大酱通过发酵其维生素 C 的含量有所下降,而维生素 B_1,维生素 B_2,维生素 B_{12} 等 B 组维生素类和维生素 E 的含量均有大幅度的增加。

5.大酱发酵过程中氨基酸和还原糖发生美拉德褐变反应,产生大量的类黑素化合物,这些看起来黑乎乎的物质,不但具有很强的抗氧化效果,还具有抗癌、抗糖尿病的功能。

二、朝鲜族传统大酱的保健功能

朝鲜族传统大酱以大豆为原料经发酵而制成,所以其具有丰富的蛋白质和脂肪,不仅营养价值较高还有很高的功能性。

1.补充赖氨酸

朝鲜族传统大酱中的赖氨酸可以给大米为主食的人群补充容易缺乏的必需氨基酸。

赖氨酸是八种必需氨基酸之一,它在生物机体的代谢过程中,能提高脑组织的生理功能,增强记忆。赖氨酸缺乏会引起蛋白质功能障碍,影响人体生长发育,导致生长障碍。植物性蛋白中普遍缺乏赖氨酸,故营养学家称赖氨酸为"第一必需氨基酸"。

2.防止胆固醇的积累

朝鲜族传统大酱含有丰富的植物性蛋白质,因此患有动脉硬化、心脏疾病的人也能放心地吃,而且长期食用不仅不引起胆固醇上升,还可以改善血液循环。朝鲜族传统大酱含有的脂肪成分中大部分是不饱和脂肪酸,其中亚麻酸可以防止胆固醇在体内的积累,可以改善血液循环的畅通。

3.抗癌、抗突变效果

朝鲜族传统大酱的抗癌效果在发酵食品中位于前列。其在高温煮沸过程中也能保持大量的抗癌物质,所以传统烹饪方式的朝鲜族大酱汤也具有较高的抗癌效果。试验结果表明,给诱发癌症的实验用鼠喂食朝鲜族传统大酱,喂食大酱的鼠癌变组织的重量比没有喂食大酱的鼠减少约80%。朝鲜族传统大酱不仅具有抗癌效果,还可以抑制癌细胞的生长。

4.预防高血压

朝鲜族传统大酱含有组胺、亮氨酸等氨基酸蛋白质,其生理活性出色,可以减轻头痛,降低血压,消除血中胆固醇含量,恢复血管弹性,预防高血压。

5.增强肝功能

肝脏是人体的重要器官。人体所吸收的营养素均通过肝脏分解。朝鲜族传统大酱具有肝功能的恢复和肝脏解毒效果,它可以降低肝毒性指标的氨基转移酶的活性,增强肝功能。

6.抗氧化效果

朝鲜族传统大酱中具有抗衰老功能的物质源于大豆中的大豆苷、大豆黄素等异黄酮类黄色素,是多酚类物质;另一种抗氧化物质是氨基酸类和糖类的反应过程中产生的蛋白黑素。这些物质可以防止大酱中的脂质氧化,使其具有抗氧化稳定性。

7.解毒作用

大酱可以解除海鱼、肉类、蔬菜、蘑菇类的毒性,还可以解除蛇、虫子咬伤时的毒性。

8.老年痴呆预防效果

大豆中的卵磷脂具有增进脑功能效果,皂甙作为功能性成分可以降低血液中胆固醇含量,抑制过氧化脂质的形成,预防老年痴呆。朝鲜族传统大酱不仅含有抑制衰老的抗氧化物质，并且大酱特有的褐变物质也对延缓衰老有重要的作用。

9.促进消化作用

朝鲜族传统大酱可以促进食欲，同时增进消化功能，因此食用饮食的同时进食大酱可以防止消化不良。民间疗法中消化不良时可以饮用大酱汤促进消化。

10.预防骨质疏松

异黄酮的诱导体又叫植物性雌激素，具有防止骨质疏松，促进骨质形成的作用。

11.血糖改善效果

朝鲜族传统大酱中的类黑精色素成分是氨基酸的一种，促进胰岛素的分泌，可以改善血糖。

12.防止肥胖和便秘

朝鲜族传统大酱富含膳食纤维，因此不仅可以预防肥胖，还可以防治便秘，增进肠道运动，促进消化系统的健康。

13.预防心脏病和脑卒中

朝鲜族传统大酱中的蛋白质含有净化血液的成分，抑制血液的凝固，降低血液黏度，预防心脏病和脑卒中。

14.防止或除掉黑痣、黑斑

朝鲜族传统大酱中的游离亚油酸可以抑制黑色素的合成，防止黑痣、黑斑的形成，或除掉黑痣和黑斑。

第六节　朝鲜族传统大酱的工厂化生产技术

朝鲜族传统大酱经过三个阶段进行发酵，第一阶段需要将大豆蒸熟、捣碎、造型（长方体或椭圆体）、吊挂自然发酵而得到酱醅的过程，叫作固态发酵；第二阶段是将酱醅破碎加入一定比例盐水浸泡而得到酱醪，属液态发酵阶段；第三阶段是从酱醪中分离酱卤之后，对酱渣调节盐度和含水量，进行后期发酵而得到大酱的过程，酱体比较浓稠而称之为稠酱。朝鲜族传统大酱的生产工艺烦琐，不易实现工厂化生产，需要改良其传统大酱的制造工艺。本节通过参考我国面酱生产的工艺和方法，对朝鲜族传统大酱生产工艺进行改良，开发出便于其工厂化生产的两个阶段的发酵方法：第一阶段是将种菌接种到蒸熟的大豆中发酵而得酱曲，也叫固态发酵；第二个阶段将酱曲加入到一定浓度的盐水中浸泡、磨碎之后经过一段时间的发酵直接得到大酱，省去了酱醪生产以及分离酱卤的液态发酵工艺。下面介绍工厂化生产朝鲜族传统大酱的制作工艺和操作技术：

一、朝鲜族传统大酱的生产工艺及其技术

（一）生产原料

1.大豆

朝鲜族传统大酱生产所用的原料长期以来都是单一用大豆。大豆酱的氮素成分约 3/4 来自大豆蛋白质。大豆蛋白质经发酵分解能生成氨基酸，是大豆酱成分的极重要物质。具体选择大豆的标准如下：

①大豆要干燥、相对密度大而无霉烂变质。

②颗粒均匀，无皱皮。

③种皮薄，富有光泽，无虫害及泥沙杂质。

④蛋白质含量高。

2.食盐

因酱类可直接食用，故应选用杂质含量少的再制盐。

3.水

大酱生产用水量较大，因而水也是制酱的主要原料。除了酱本身含有 50% 以上的水分外，在加工过程中也需要大量的水分。在工厂化生产大酱所用的水质没有特殊的要求，清洁干净的自来水、井水、湖水、河水都可以用，但必须符合《生活饮用水卫生标准》（GB 5749-2022）。

（二）大豆酱生产的基本工艺

1.工艺流程

种曲：原料→处理→制曲→发酵→加热、磨碎→贮存→防腐→成品

2.技术要点

（1）原料处理

①浸泡

浸泡的目的主要是使豆子本身膨胀，吸足水分，一般大豆的吸水量在80%左右，有的甚至达100%。通过浸泡可以清除掉杂质，以保证原料的质量。

②蒸料

蒸料分常压蒸煮和加压蒸煮两种方法，可根据实际情况而定。一般情况下，小型企业和乡镇企业采用常压蒸煮比较普遍；而生产量大，设备条件好的企业采用加压蒸煮。加压蒸煮时间短、效率高，但无论采用常压蒸煮还是加压蒸煮，其目的是一致的，都是使原料灭菌，大豆达到适度变性；制曲时使曲霉生长繁殖，生成各种酶。采用常压蒸煮的方法，蒸煮2h，焖锅1h；采用加压蒸煮一般气压在0.1MPa，时间为30~40min，温度在110~120℃即可达到蛋白质适度变性，从而保证大豆酱的产品质量。

对原料蒸煮程度的要求，过去习惯上以出锅的熟料变成深红褐色为标准，于是采用过夜出锅。实际上过夜出锅容易使原料中蛋白质产生过度变性，导致熟料变成深红褐色，就是使氨基酸及糖分变成色素，从而减少了米曲霉繁殖所必需的营养，降低了成曲的质量；同时对米曲霉所分泌的酶的作用也起到阻碍作用。试验表明，大豆在0.1MPa左右的加压条件下，蒸煮一定时间，过夜出锅的原料蛋白质的利用率和氨基酸生成率均明显下降，这说明蛋白质的过度变性及米曲霉所分泌的酶被阻，所以目前均采用原料蒸煮后，稍加焖料后就出锅的方法进行生产。

（2）制种曲

85%麸皮、15%豆粉，按麸皮和黄豆粉的总质量加水95%~100%（具体视季节而定），充分拌匀，并用3.5目筛子过筛1次，再堆积润水1h，装锅通蒸汽，压力为0.1MPa，1h后出锅；再过筛1次，翻拌降温至35℃（夏天）或40℃（冬天），要求熟料水分含量在52%~55%。然后按对干料量0.3%进行接种。进入培养阶段时，装盘后品温应为29~30℃，保持室温28℃~30℃（冬季室温可稍高），干湿球温差1℃，经4~6h，上层品温35-36℃，即可倒盘1次，使孢子上下曲盘调换位置，达到上下品温均匀，这一阶段为米曲霉发芽期。当上层品温达36~38℃，由于孢子发芽，并继续生长成为菌丝，曲料表面呈微白色，并开始结块，此时即可搓曲。第一次搓曲后继续保温培养6~7h，品温又升至36~38℃，曲料全部长满白色菌丝，结块良好，即可划曲。划曲或第二次搓曲后，地面应洒冷水或温水，使品温保持在34~36℃，干湿球温差达到平衡，相对湿度达到 100%。这期间每隔 4h 应倒盘 1 次。进入孢子成熟期阶段，保持室温 30℃±1℃，品温 35℃~36℃，中间倒盘 1 次，至种曲成熟为止。自装盘入室至种曲成熟，整个培养时间共计 72h 左右。新鲜种曲孢子发芽率高，繁殖力强，所以应及时使用新鲜种曲。如气温低于 10℃时，只要将种曲放在清洁干燥处，可不必进行干燥。当室温超过 10℃时，而种曲在一周内用不完时，应进行干燥。种曲可在曲室内开暖气升温 38~40℃烘干，烘至水分含量在 12%以下，即可移至室外低温、通风、干燥处，但保存期最长不超过 15d。

（3）制酱曲

制酱曲是朝鲜族传统大酱酿造的关键环节，没有良好的酱曲，就不会酿造出品质优良的大酱。酱曲的好坏直接影响到大酱的质量与味道，因此必须严格把住制酱曲这一重要环节。

①原料的选择与配比

制酱曲的目的主要是使米曲霉在熟料上充分生长发育，分泌出大酱生产所需的酶类，为发酵过程提供原料分解、转化、合成的物质基础。选择制酱曲原料，既要以米曲霉能正常生长繁殖为前提，又要考虑到大酱质量标准的要求。因此，理想的制酱曲原料应该是制曲容易、曲酶活性强、无异味、不产毒素、蛋白质含量高、淀粉含量适当的原料。实践证明，黄豆与面粉的配比，采用 65：35 或 60：40 的高蛋白质原料，使曲霉正常繁殖，高产优质。

②原料的处理

原料处理包括两部分：一是通过机械对大豆进行筛选；二是经过润水和蒸煮，使蛋白质原料结构松弛。同时，通过加热可杀灭附着在大豆原料上的杂菌，以排除米曲霉生长的干扰。处理后的原料要求达到颗粒大小均匀一致、润水要充分而均匀、原料蒸煮要适度等。

润水的目的是使原料中蛋白质含有适量的水分，以便在蒸料时迅速达到一次变性，使原料中的淀粉吸水膨胀，易于糊化，溶出米曲霉生长所需要的营养物质，供给米曲霉生长所需要的营养物质和水分。

加水量适当与否对制酱曲有很大影响。原料中含有适当的水分是加速米曲霉发芽的主要条件之一。如果水分适当，孢子即吸足水分其体积膨胀可增加 2~6 倍。细胞内物质为水所溶解，为发芽、生长、繁殖提供营养条件。微生物需要从体外吸收养料，而养料又必须先被水溶解，才能被吸收利用，所以原料中必须含有适量水分。在一般情况下，用水量越大，成曲的酶的活性越强，有利于提高大酱的质量和风味。总之，适量的水分有利于米曲霉的生长繁殖，产生大量的酶，促进制酱曲和发酵阶段的分解作用。但用水量过大，易于感染杂菌，制酱曲较难控制，所以水分也不宜过大。为了制好酱曲，易于酱醪发酵，达到提高产品质量的目的，以大豆为主料，一般吸水量以 75%-80% 为宜；最后入曲时曲料含水量在 47%~50% 为宜。

原料蒸煮是否适度，对大酱的质量也非常重要。蒸煮的目的主要是使大豆中的蛋白质完成适度变性，成为酶容易作用状态。未经变性的蛋白质，虽然能溶于 10% 以上的食盐水中，但不能被酶分解。蒸煮的同时，使原料中的淀粉达到糊化程度。随着蒸料温度的上升，淀粉粒的体积逐渐增大，促使分子链之间的联系削弱，达到颗粒解体的程度。蛋白质变性后成为变性蛋白质和少量氨基酸，淀粉糊化后变成淀粉糊和糖分。这些成分是米曲霉生长繁殖适合的营养物，而且易于被酶分解。此外蒸料也可杀死附着在原料上的杂菌，给米曲霉正常生长发育创造有利条件。

③制酱曲

原料经过蒸熟出锅后，温度较高，需要在冷却至 35℃~40℃ 时，按配方比例把面粉均匀地散布在豆料的表面。接种量为 0.3%。把拌匀的原料移入曲箱，均匀摊平，厚度为 20cm。为了保持良好的通风，必须做到料层均匀，疏松平整，如果接种后料层温度较高，或者上下品温不一致，应及时开动鼓风机调节温度在 32℃ 左右。在曲料上、中、下及面层各插 1 支温度计，静止培养 6~8h 左右开始升温，上升至 37℃ 左右通风降温。以后根据具体情况，连续通风，料层温度维持在 35℃ 左右。温度的调节可采用循环风或换气的方式控制，使上层与下层的温度差尽量减少。在制酱曲过程中，自接种 12~14h 左右，品温急速上升，此时曲料由于米曲霉生长菌丝而结块，通风阻力随着生长时间延长而逐渐增大，如出现通风数小时仍然超过 35℃ 的趋势，应立即进行第一次翻曲，使曲料疏松，减少通风阻力，保持正常温度。以后再隔 6~8h 左右，根据品温上升情况及曲料收缩，产生裂缝等现象，再进行第二次翻曲。翻曲后，连续通风维持在 33~35℃ 培养。如果曲料收缩，再次产生裂缝，风从裂缝中漏掉，品温相差悬殊时，可采用四齿耙将结块打碎。将裂缝铲平压住，防止吹风不均局部烧曲。培养 20~24h，米曲霉开始产生孢子，至 32-36h，已遍生淡黄绿色孢子，即可出曲。但也有的厂家采用 72h 制曲方法，则生产老曲。通风制酱曲操作要点归纳为"一熟、二大、三低、四均匀"。

④发酵

发酵是酿制大酱过程中极为重要的一环，发酵方法和操作的好坏将直接影响大酱的质量。

将按比例生产的酱曲，放入发酵缸或发酵池内，每50kg混合料加入水温45℃左右的盐水（相对密度1.21）40kg。酱醅吸足水分仍属固态，便开始固态发酵。温度要求前期40~50℃，中期38℃左右，后期45℃左右。生产中每3d倒缸翻醅1次，作用同固稀发酵，生产周期35d，共计翻醅倒缸10次左右。发酵倒缸作用同固稀发酵。产品成熟后每50kg混合料出85~90kg酱醅，酱香气浓郁，味道鲜美，不进行研磨，整瓣出售，很受群众欢迎。

⑤加热

生大豆酱有许多菌类及酶类，特别是酵母菌容易产生倒发而引起腐败。加热的主要目的是为杀菌防腐、增加色泽、调和味道、除去臭霉味、增加香气。一般加热灭菌的温度以65~70℃为宜，时间不宜过长。生大豆酱经过加热后，能使香气醇厚而柔和，醛类、酚类等香气成分显著增加。

⑥贮存

经一个多月的发酵后，大酱其色、香、味、体基本形成，但还需要在不加温的发酵池内进行低温贮存后期发酵。大酱表层用大盐封好，然后进行封池，经过1~2个月或更长一些时间的熟成阶段，经过陈酿后，大酱色、香、味、体更加醇正，香气浓郁、味道鲜美，酱香厚味绵长，促进人的食欲。

二、大酱的质量标准和卫生标准

（一）大酱的质量标准

目前，以100%大豆酿制的传统大酱还没有国家标准，仅以《黄豆酱》（SB/T 10309-2003）国内贸易行业标准调整标准参考，各项要求见表4-1、表4-2。

表4-1 黄豆酱的感官标准

项　目	指　标	项　目	指　标
色泽	棕褐色或红褐色，鲜艳，有光泽	滋味	味鲜醇厚，咸甜适口，无酸、苦、涩、焦煳及其他异味
香气		体态	黏稠适度，无杂质

表 4-2　黄豆酱的理化标准

项　目	指　标
水分含量（质量份数）/%	≤60.00
氨基酸态氮（以氮计）含量（质量份数）/%	≥0.6（以干基计为 1.50%）

大酱的卫生标准可以参考《酱卫生标准》（GB 2718-2003）的规定，各项要求见表 4-3、4-4。

表 4-3　酱的理化指标

项　目	指　标	项　目	指　标
食盐（以 NaCl 计），%		总酸（以乳酸计），%	≤2.0
黄酱	≥12	砷（以 As 计），（mg/kg）	≤0.5
甜面酱	≥7	铅（以 Pb 计），（mg/kg）	≤1
氨基酸态氮，/%		黄曲霉毒素 B_1，（μg/kg）	≤5
黄酱	≥0.6	食品添加剂	按 GB 2760 规定
甜面酱	≥0.3		

表 4-4　酱的微生物指标

项　目	指　标
大肠杆菌，MPN/100mL	≤30
致病菌（系指肠道致病菌）	不得检出

（二）大酱生产的技术经济指标

大豆酱原料利用率和氨基酸生产率是考核大豆酱生产技术水平的主要依据。因此，正确掌握原料利用率与氨基酸生成率对加强技术管理，提高产品质量具有重要意义。

1.原料利用率

所谓原料利用率，系指原料中蛋白质、淀粉经过蒸煮、制曲发酵等工序后，进入大豆酱成分中的数量与原料中的蛋白质、淀粉之比。由于原料在蒸煮、制曲、出曲、入池发酵、翻池（倒池）等工序操作和工艺的不合理，使一部分原料损耗或不能充分利用，即使完全合理也难免有损耗。影响原料利用率的因素主要有蒸煮工艺不合理，制曲过程、发酵条件不当，pH 值、水分、温度、盐度和发酵周期等不当致使大豆酱分解不完全，影响产品质量。

2.氨基酸生成率

大豆酱中除氨基酸外，尚有许多蛋白质中间产物。如果把成品大豆酱中所含有的氮素（即全氮含量）作为 100，大豆酱成品中的氨基酸态氮所占有的百分率，就是大豆酱氨基酸生成率，见公式（4·1）。一般认为大豆酱中氨基酸含量越高，表示分解得越好，味道越鲜美。

$$氨基酸生成率 = \frac{AN}{TN} \times 100\% \qquad (4 \cdot 1)$$

公式中　　AN—大豆酱中氨基酸态氮含量，g/100g；

　　　　　TN—大豆酱中全氮含量，g/100g。

目前各地区、各企业情况不一样，一般氨基酸生成率在 40%~60%，中国大豆酱的部颁标准，氨基酸生成率为 50%。

第五章　朝鲜族辣椒酱生产技术

　　辣椒酱，顾名思义就是以辣椒为主原料制成的酱。据我国农业行业标准《辣椒酱》（NY/T1070-2006）的定义，辣椒酱是以鲜辣椒或干辣椒为主要原料，经破碎、发酵或非发酵等特定工艺加工而制成的酱状食品。按加工工艺分两种，一种是发酵型，另一种是非发酵型。发酵型辣椒酱是将鲜辣椒清洗控干水之后绞碎，按比例混合蒜末、姜末和糖、醋、盐等搅拌均匀，装在瓶或罐内封口发酵而制成，颜色鲜红，味道辣而鲜美，可以长期保存。非发酵型辣椒酱是将植物油放在锅内烧油，添加鲜辣椒碎或干辣椒粉、蒜末、姜末，再加糖和食盐调味制成，色泽鲜红，味道香辣，上面浮着一层油，容易保存。

　　各个地区都有不同的地方风味辣椒酱。一般特点是都以红辣椒为主要原料，辅料配有蒜、姜、糖、醋、盐等。朝鲜族辣椒酱主要原料不仅用红辣椒，还用谷物米粉和酱醅粉为特色的发酵食品，其色泽鲜红，味道微辣而鲜甜，是我国朝鲜族人民的特色食品。

第一节　朝鲜族辣椒酱的概述

一、朝鲜族辣椒酱的定义

　　朝鲜族传统辣椒酱是从酱坯（粉）中添加蒸煮好的米饭或者米糊，再添加辣酱粉和适量的盐，均匀搅拌调味，经过自然发酵而成的食品。

二、朝鲜族辣椒酱的特点

朝鲜族传统辣椒酱有以下几个方面的特点:

第一,朝鲜族辣椒酱是发酵食品。酱坯发酵过程中附满了空气中的霉菌、细菌和酵母菌,在它们的作用下蛋白质、脂肪和淀粉等大分子化合物降解,产生氨基酸、游离脂肪酸和各种单糖类物质。发酵结果,其制品不仅增进了营养,还增进了风味。第二,选用复合原料。以大豆、淀粉质谷物等粮食为主,辅以辣椒粉。朝鲜族很重视营养均衡的原则,在食品原料组成上力求蛋白质、脂肪、碳水化合物等三大营养的均衡。于是,制作辣椒酱时选用当地盛产的黄豆、谷物类、辣椒等作为原料。第三,营养均衡。以大豆和谷物为原料,力求蛋白质、脂肪、碳水化合物的营养均衡。第四,风味独特。具有辣味、鲜味、咸味、甘味等,是一种很好的综合调味料。其复合的味道来自辣味十足的红辣椒粉、发酵好的大豆酱坯、糖化好的谷物淀粉和优质的海盐。辣椒酱反映了嗜好辣味、鲜味和甘味的朝鲜族饮食风俗。五是感官独特。颜色鲜红,鲜亮。

三、朝鲜族辣椒酱的种类

朝鲜族辣椒酱根据其淀粉质原料的不同、淀粉质原料的加工形态的不同、添加的辅助原料的不同,可以分为以下几个类型:

根据淀粉质原料的不同可以分为大米(黏)辣椒酱、大麦米辣椒酱、高粱米辣椒酱、面粉辣椒酱、玉米辣椒酱、地瓜辣椒酱、小红豆辣椒酱等。

根据淀粉质原料的加工形态的不同分为打糕辣椒酱、米糊辣椒酱、食醯辣椒酱等。

根据添加的辅助原料的不同可以分为人参辣椒酱、红参辣椒酱、松茸辣椒酱、蓝莓辣椒酱、酵素辣椒酱、覆盆子辣椒酱、南瓜子辣椒酱、甲壳素-矿物质辣椒酱、米胚辣椒酱等新型专利辣椒酱。

四、朝鲜族辣椒酱的历史

朝鲜族辣椒酱是在 16 世纪以后随着辣椒传入朝鲜半岛开发而成的发酵食品,经过朝鲜王朝后期饮食文化的发展而发展成如今的形态。从历史的角度考察，朝鲜开始食用辣椒酱的时期大约在 16 世纪末或者 17 世纪初，在朝鲜宣祖时期（1552—1608 年），经历过壬辰倭乱的许筠（1569—1618 年）的著作《屠门大嚼》中载有"椒豉"一词，这里"椒"可能指的是辣椒，"豉"指的是豆豉。添加辣椒的豆豉可能是如今辣椒酱的先祖。

最早记载辣椒酱加工方法的著作是朝鲜王朝中期的《增补山林经济》（1766）。该书中不仅记载了辣椒酱的加工方法，还记载了添加海鲜、昆布等加工辣椒酱的方法。朝鲜王朝英祖（1694—1776 年）时期的著作《嗳闻事说》中介绍了"淳昌辣椒酱的制造法"，并记载了添加鲍鱼、虾、红哈、生姜等制造的辣椒酱的特殊加工方法。

《闺合丛书》（1815）中记载辣椒酱酿制过程中另做辣椒酱用酱坯，还介绍了用食盐调味的方法等，跟现代的辣椒酱制造方法类似。

辣椒酱是每个朝鲜族家庭年年必须制造的食品，可以当作副食品，也可以当作调味料，在老百姓日常饮食生活中占有举足轻重的地位。现在，辣椒酱已经不是在家庭生产，都在工厂生产。工厂化生产辣椒酱的方法有发酵熟成法和糖化熟成法两种。

第二节 朝鲜族辣椒酱原料及其特性

朝鲜族辣椒酱的原料大体上由辣椒、豆类、淀粉质（谷物和薯类）、食盐、糖类、发酵剂等 6 个组成的，其中辣椒最为重要。

一、辣椒

辣椒是茄科辣椒属的一年生草本植物，其果实通常呈圆锥形或长圆形，未成熟时呈绿色，成熟后变成鲜红色、深绿色或紫色，以红色最为常见。辣椒的果实因果皮含有辣椒素而有辣味，因辣椒红素而呈红色，能增进食欲。辣椒原产墨西哥，明朝末年传入中国。

干辣椒当中的一般成分为，水分 11%~14%，粗脂肪 15%~18%，蛋白质 12%~16%，精油 0.3%~0.8%，所含碳水化合物中有代表性的是戊聚糖和半乳糖，新鲜辣椒和叶子含有大量的维生素 A、C、E 等，其中维生素 C 含量为 198mg/100g，在蔬菜中居第一位，还有含量较高的钙、铁、钾等矿物质。

辣椒的辣味主要成分是辣椒素类化合物，主要由辣椒素，二氢辣椒碱，降二氢辣椒碱等。辣椒的色素大部分属于类胡萝卜素，主要有辣椒红（黄）素，辣椒玉红素，β-胡萝卜素等。

二、豆类

大豆属豆科、大豆属，一年生草本植物。原产中国，中国各地均有栽培，广泛栽培于世界各地。大豆是中国重要粮食作物之一，已有五千多年栽培历史，古称菽，中国东北为主产区。大豆根据种皮颜色分为黄豆、黑豆、青豆等，通常大豆指黄豆。

黄豆中含有丰富的营养，内含 40%蛋白质，脂肪含量丰富高达 25%。大豆含蛋白质比牛肉多，钙含量比牛奶高。卵磷脂含量比鸡蛋高，还含有丰富的矿物质、维生素。每 100g 黄豆中，含水分 10.2g，蛋白质 36.3g，脂肪 18.4g，碳水化合物 25.3g，粗纤维 4.8mg，钙 367mg，磷 571mg，铁 11mg，胡萝卜素 0.4mg，维生素 B_1 0.79mg，维生素 B_2 0.25mg，尼克酸 2.1mg，可供热量 419Kcal。

大豆蛋白质由球蛋白组成，其中大豆球蛋白占 63%~90%，还有菜豆球蛋白、豆清蛋白，是构成大豆蛋白质的主体。这些大分子蛋白质为非水溶性，溶解于碱，且无味。但是，一旦通过发酵，这些蛋白质就分解成短肽或者氨基酸，变成水溶性，且呈味。

大豆在食品加工学上的特性就是发酵性，一旦经过蒸煮，空气中的霉菌、细菌、酵母菌等容易滋生，产生蛋白质水解酶、各种糖化酶、脂肪水解酶等酵素。在蛋白酶的催化作用下蛋白质水解成各种呈味氨基酸，增加食品的鲜味；淀粉在糖化酶的作用下水解成葡萄糖、麦芽糖等，给食品增添甘味。脂肪在脂肪水解酶的作用下分解成各种游离脂肪酸，增进食品的香味。

三、谷物类

朝鲜族辣椒酱制造过程中所用的淀粉质主要有谷物类和薯类，谷物类有大米（包括粳米和黏米）、大麦米、大黄米、玉米粉、小麦粉等，薯类有红薯、马铃薯等。根据淀粉质原料的不同，可以制造不同种类的辣椒酱。例如，黏米辣椒酱、大麦米辣椒酱、大黄米辣椒酱等。根据消费层的不同，市场上需要不同种类的辣椒酱，所以需要制品的差别化和多样化。

四、食盐

食盐是决定味道的重要原料。朝鲜族辣椒酱的制造采用无加碘的海盐，其浓度一般在 10%~15%，对味道和贮藏性都起到很重要的作用。

食盐的种类有海盐、岩盐、湖盐、井盐、煮盐、再制盐、精制盐等。

海盐是海水在盐水池日晒干燥而制成。海边的泻湖或者陆地的湖泊受地壳运动的抬升，或者气候变干燥，使大量的水蒸气蒸发，溶解的溶质析出，最终沉积而形成；通过打井的方式抽取地下卤水（天然形成或盐矿注水后生成），制成的盐就叫井盐；煮盐是将海水煎煮蒸发干燥而成的盐；再制盐是将粗盐重新溶解之后经再结晶化而得到的食盐；精制盐指粗盐当中只分离出氯化钠（NaCl）成分而制成的食盐。除上述食盐外，还有碘盐，是为了防治甲状腺疾病在食盐中人为地添加碘而制成。

朝鲜族在辣椒酱的加工中一般选用日晒海盐。但是刚晒出的海盐因含有卤水，其中含镁成分给产品带来苦味，所以放置 6~12 个月去掉卤水之后使用。

五、糖类

在传统辣椒酱的加工中一般选用糖稀、蜂蜜等原料，原因是为了增进甜味、光泽和黏性。一般糖稀的制造是将玉米、小米等粗粮或者碎米，利用麦芽糖化熬制而成。

六、发酵剂

发酵剂有麦芽粉、淀粉酶、酵母等。

第三节　传统辣椒酱的加工技术

一、传统辣椒酱的加工时期及民俗

辣椒酱在朝鲜族饮食生活中的地位是很重要的，它不仅可以做蘸酱，还可以作为调味品广泛用于烹调各种饮食。

二、传统辣椒酱的加工工艺及其方法

朝鲜族传统辣椒酱的加工以家庭作坊式的传统辣椒酱加工为主。因为，不同家庭和不同地区辣椒酱选用的原材料和加工方法不同，不同的辣椒酱具有不同的风味。

朝鲜族传统辣椒酱的最大特点是选用辣椒酱专用酱坯。酱坯加工原料是单纯大豆，这一点有别于用辣椒、苹果与大蒜制作的韩式辣椒酱。韩式辣椒酱也单做辣椒酱酱坯，以韩式淳昌辣椒酱为例，其加工原料组成为大豆和大米 6∶4 比例混合蒸煮，而朝鲜族传统辣椒酱酱坯单选大豆，将其蒸煮、捣碎、造型而发酵；加工时间也有不同，朝鲜族辣椒酱酱坯加工时间为农历十一月，而韩式辣椒酱的酱坯制作时间大部分在农历十月至十一月。传统辣椒酱酱坯跟大酱酱坯比较，其形状小且扁形，发酵时间短且发酵不彻底，所以颜色没有像大酱酱坯那样深，发酵风味浓。还有，作为淀粉质原料多选用黏米或大麦米。

传统辣椒酱的加工过程一般分为两个阶段，一是酱坯的加工与发酵阶段，二是辣椒酱的加工及发酵阶段。

1.传统辣椒酱酱坯的加工及发酵

传统辣椒酱酱坯是以大豆为原料,将其浸泡、蒸煮、捣碎、造型,经自然发酵而制成的。酱坯作为辣椒酱发酵的引子带有野生的毛霉菌、根霉菌、曲霉菌及野生酵母等真菌和枯草芽孢杆菌、乳酸菌等细菌。

大豆选用当年的新大豆,去除虫瘿粒和泥沙,加水浸泡。浸泡时间大约 6~8h,等大豆吸水膨胀饱满,种皮没有皱褶,用手可以戳开子叶为宜。浸泡好的大豆用笊篱捞出,清水清洗 2~3 次,沥水,蒸煮。蒸煮时间一般 2~3h,先用大火烧开锅,后用慢火焖锅,直至用手可以捏碎为止。蒸煮时为了防止溢锅一般加入消泡剂,传统方法为加入陈年大酱。蒸煮好的大豆趁热捣碎,造型。捣碎可以用家用小型搅碎机,也可以用传统的臼(铁臼、木臼、石臼)捣碎,趁热造型。辣椒酱酱坯的造型像蝶形,大小一般直径为 10~15cm,厚度为 2~5cm,过大或过厚会引起表面长满霉菌,内部细菌发酵旺盛而导致发黑,会发出浓郁的发酵味道;颜色发黑,影响辣椒酱的风味和色泽。等酱坯表面干燥后,用稻草绳捆绑,吊挂在房屋横梁或者屋内房柱上,自然发酵。发酵一个月左右,摘下来,清洗表面,沥干水分,掰碎成元宵大小,摊开日晒 5~7d,或者热炕上干燥 3~5d。其目的就是去掉发酵臭味,这是决定辣椒酱风味好坏的重要环节。晒干的酱坯要粉碎,装在干净的袋子或坛子,放在干燥通风处备用,等下酱。

韩式传统辣椒酱酱坯加工与上述的方法一样。韩式辣椒酱酱坯的原料不仅选用大豆,还选用大米,其比例一般为 6:4(大豆:大米),也有 5:5、4:6 等,其比例按家庭或区域的不同而不同。酱坯原料选用大豆和大米,将其按一定比例混合,可以改变酱坯当中 C、N 比的不同。这可能导致酱坯中滋生的微生物种类的不同,从而导致辣椒酱风味的多样化,甚至会导致功能性的差异,值得进一步研究。

2.传统辣椒酱的加工及发酵

传统辣椒酱的加工根据淀粉质原料的加工方式分为米糕辣椒酱、米糊辣椒酱两种。

米糕辣椒酱是将糯米蒸熟,捣碎成糕状,再添加酱坯粉、辣椒粉和食盐,混合、发酵而成。米糊辣椒酱是将糯米先粉碎,糊成米糊,然后添加大麦粉进行糖化,再添加酱坯粉、辣椒粉和食盐混合、发酵而成。两种方法在糯米加工方法上有区别,其他工艺都一样。

米糕辣椒酱和米粥辣椒酱的加工工艺流程如下:

米糕辣椒酱的原料有糯米、酱坯、红辣椒、麦芽粉、糖稀、食盐等,其制造工艺如

图 5-1 所示：

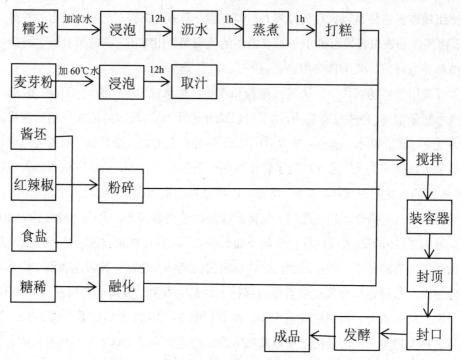

图 5-1 传统米糕辣椒酱的加工工艺流程

传统米糕辣椒酱的加工方法如下：

（1）麦芽汁的制备。前一天晚上，称取适量的麦芽粉，将其浸泡在 60℃的温水中，过夜，使大麦芽中的糖化酶充分活化。浸泡时，配成 2%~3%的糖溶液，给糖化酶提供养分，有利于酵素的活化。当天，将浸泡好的麦芽粉充分挤出汁液，用滤包或者筛子过滤取汁，备用。

（2）打糕的制备。前一天晚上，称取适量的糯米，淘洗 2~3 次，浸泡在凉水中，过夜。当天，捞出糯米，沥水 1h 左右，蒸米 1h 左右，然后趁热绞碎成打糕，备用。

（3）酱坯粉的制备。前一天晚上，称取酱坯，加入适量的水（水不可过量，否则导致酱坯过稀，对后继调节稠度带来困难），放在温和的地方，过夜，充分活化内部酵素。

（4）辣椒粉的制备。称取红辣椒粉，加入适量热水。目的是把辣椒粉中的辣椒红素充分溶解出来，使辣椒酱颜色更鲜亮。

（5）如果选用固体糖稀，事前应加水融化，备用。

（6）食盐粉碎成细粉，备用。

（7）酱坛子或者发酵容器的准备。如果选用酱坛子，将其提前蒸煮灭菌，装满热水放置一段时间，清洗几遍，控干、备用。

（8）将上述的原料按一定的比例混合均匀，装入酱坛子里。在其表层撒上一层食盐，放置霉变或者生虫子。

（9）最后，用干净的纱布扎口，放在阳光充足的地方，发酵 1~2 个月后，就可以食用了。

传统米粥辣椒酱原料有糯米、酱坯、红辣椒、麦芽粉、糖稀、食盐等，其加工工艺如图 5-2 所示：

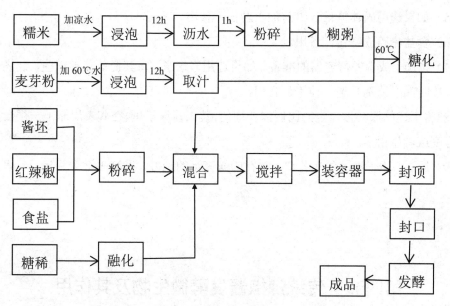

图 5-2 传统米粥辣椒酱的加工工艺流程

传统米粥辣椒酱的加工方法如下：

（1）麦芽汁的制备。前一天晚上，称取适量的麦芽粉浸泡在 60℃ 的温水中，过夜，使大麦芽中的糖化酶充分活化。浸泡时，配成 2%~3% 的糖溶液，给糖化酶提供养分，有利于酵素的活化。当天，将浸泡好的麦芽粉搓一搓，充分挤出汁液，用滤包或者筛子过滤取汁，备用。

（2）米粥的糖化。前一天晚上，称取适量的糯米，淘洗 2~3 次，浸泡在凉水中，过夜。当天，捞出糯米，进行粉碎。粉碎方法有两种，一种为水磨法；另一种为干磨法。水磨过程为将浸泡好的糯米沥水，按一定比例放入干净的水，用石磨进行磨碎。此时加水量不能过多，要考虑最终产品的黏稠度，尽量少加水为好。干磨法将浸泡好的大米捞出，沥干 2~3h 左右，使大米表面没有水，用手指搓，能搓成粉，可以散开为宜。用粉碎机粉碎成粉，加水调成米浆。加入已经备好的麦芽汁，充分搅拌。用文火加热至 60℃ 左右，糖化 20~30min。然后加温，边搅拌边熬煮，直至米浆变稠状，再冷却备用。

（3）酱坯粉的制备。前一天晚上，称取酱坯，加入适量的水，放在温和的地方，过夜，充分活化内部酵素。

（4）辣椒粉的制备。称取红辣椒粉，加入适量热水，其目的是把辣椒粉中的辣椒红素充分溶解出来，使辣椒酱颜色更鲜亮。

（5）如果选用固体糖稀，事前加水融化，备用。

（6）食盐粉碎成细粉，备用。

（7）酱坛子或者发酵容器的准备。如果选用酱坛子，将其提前蒸煮灭菌，装满热水放置一段时间，清洗几遍，控干、备用。

（8）将上述的原料按一定的比例混合均匀，装入酱坛子里。在其表层撒上一层食盐，放置霉变或者生虫子。

（9）最后，用干净的纱布扎口，放在阳光充足的地方，发酵 1~2 个月后，就可以食用了。

第四节　传统辣椒酱发酵微生物及其作用

传统辣椒酱的风味来自酱坯中的各种微生物，如霉菌、细菌和酵母菌等生产的酶（酵素）的作用下发酵而成。发酵过程中不仅附着在酱坯表面的微生物起着重要的作用，还不能忽视辣椒粉表面附着的微生物对发酵的作用，但是目前学界在此方面的研究很少。

一、酱坯中存在的微生物

学者在辣椒酱酱坯中分离得到曲霉属菌，青霉属菌，在酱坯开裂的缝隙中还能发现毛霉属菌（如根霉属菌、犁头霉属菌等）霉菌属菌。

辣椒酱酱坯中的主要细菌有耐热芽孢杆菌，此外还有巨大芽孢杆菌、枯草芽孢杆菌、短小芽孢杆菌等。

辣椒酱酱坯中的酵母菌主要为酵母属菌。

二、发酵熟成的辣椒酱中存在的微生物

发酵熟成的辣椒酱中分离得到的微生物主要有细菌、嗜盐细菌、酵母菌和耐盐酵母菌。

（一）细菌菌群的分布

据报道，传统发酵辣椒酱的发酵菌株主要有枯草芽孢杆菌和地衣芽孢杆菌。学者分别选取传统辣椒酱 7 种和工厂生产的辣椒酱（以下称工厂式辣椒酱）5 种共 12 种，从中分离鉴定细菌菌群，分布结果见表 5-1。从表中可以看到参试样品中一共鉴定出 3 属 17 种，所有参试传统辣椒酱中鉴定出贝莱斯芽孢杆菌，所有参试工厂式辣椒酱中鉴定出枯草杆菌亚种、枯草芽孢杆菌。另外，嗜酸芽孢杆菌，蜡状芽孢杆菌，克氏芽孢杆菌，沙雷氏菌等细菌仅在一个样品中发现，因其出现频率低，认为不是辣椒酱发酵主要微生物。

表 5-1 传统辣椒酱和工厂式辣椒酱中分离鉴定的细菌分布

鉴定的细菌名	传统式（C）							工厂式（G）				
	C1	C2	C3	C4	C5	C6	C7	G1	G2	G3	G4	G5
嗜酸芽孢杆菌	—	—	—	1[1](3)								
空气芽孢杆菌	1(3)	1(3)										
解淀粉芽孢杆菌	7(24)		1(3)			11(37)		1(3)	8(27)			
萎缩芽孢杆菌	1(3)	—	1(3)					1(3)				
阿萨尔基亚芽孢杆菌	1(3)											
蜡状芽孢杆菌							1(3)					
克氏芽孢杆菌								2(7)				
地衣芽孢杆菌	—	4(13)	2(7)	13(43)	7(23)			3(10)		2(7)	1(3)	2(7)
巨大芽孢杆菌	1(3)											
短小芽孢杆菌	1(3)	—	4(13)	5(17)	1(3)	—		6(20)	1(3)			5(17)
沙福芽孢杆菌												
索诺拉沙福芽孢杆菌	—	3(10)	1(3)		3(10)			2(7)				1(3)
枯草芽孢杆菌	2(7)	5(17)	8(27)	6(20)	11(37)	—	16(53)	6(20)	3(10)	28(93)	5(17)	14(47)
贝莱斯芽孢杆菌	15(50)	16(53)	13(43)	5(17)	5(17)	19(63)	12(40)	6(20)	17(57)	—	24(80)	7(23)
沙雷氏菌	—	—		1(3)								
黏质沙雷氏菌	—	—		2(7)				1(3)				
不可培养细菌												1(3)

[1]鉴定数：（），分离频率（%）

（二）嗜盐细菌的分布

传统辣椒酱和工厂式辣椒酱 12 个试样中分离鉴定了嗜盐细菌，结果如表 5-2 所示。从表中可以看出样品中一共鉴定出 4 属 15 种，地衣芽孢杆菌在所有传统辣椒酱中共同存在，贝莱斯芽孢杆菌在参试的所有工厂式辣椒酱中共同存在。

另外，嗜碱芽孢杆菌、巨大芽孢杆菌、太平洋海洋杆菌、索氏海洋杆菌、卡莫纳枝芽孢杆菌等细菌仅在一个样品中发现，因其出现频率低，而不能确认为辣椒酱的主要发酵菌。

表 5-2 传统辣椒酱和工厂式辣椒酱中分离鉴定的嗜盐细菌分布

鉴定的细菌名	传统式（C）							工厂式（G）				
	C1	C2	C3	C4	C5	C6	C7	G1	G2	G3	G4	G5
解淀粉芽孢杆菌	—	1[1](3)	—	—	—	7(23)	—	2(7)	14(48)	2(7)	11(37)	—
嗜碱芽孢杆菌	1(3)	—	—	—	—	—	—	—	—	—	—	—
萎缩芽孢杆菌	·	—	—	—	1(3)	—	—	2(7)	—	—	—	—
科氏芽孢杆菌	—	—	—	—	—	—	—	1(3)	—	—	—	—
地衣芽孢杆菌	2(7)	23(77)	26(87)	22(73)	16(53)	1(3)	24(80)	7(23)	—	20(67)	18(60)	21(70)
巨大芽孢杆菌	—	—	—	—	—	—	—	1(3)	—	—	—	—
短小芽孢杆菌	—	—	1(3)	—	1(3)	—	—	3(10)	—	1(3)	—	1(3)
枯草芽孢杆菌	3(10)	2(7)	1(3)	7(23)	12(40)	—	—	3(10)	9(31)	6(20)	—	5(17)
贝莱斯芽孢杆菌	6(20)	4(13)	2(7)	—	—	—	2(7)	3(10)	2(7)	1(3)	1(3)	3(10)
太平洋海洋芽孢杆菌	—	—	—	—	—	—	—	2(7)	—	—	—	—
小鳟鱼大洋芽孢杆菌	18(60)	—	—	—	—	—	2(7)	2(7)	—	—	—	—
嗜盐海洋芽孢杆菌	—	—	—	—	—	22(73)	2(7)	—	—	—	—	—
索氏芽孢杆菌	—	—	—	—	—	—	—	—	1(3)	—	—	—
卡莫纳枝芽孢杆菌	—	—	—	—	—	—	—	1(3)	—	—	—	—
不可培养细菌	—	—	—	1(3)	—	—	—	3(10)	2(7)	—	—	—

[1]鉴定数：（），分离频率（%）

（三）酵母菌的分布

选用传统方法生产的辣椒酱样品 7 个和工厂化生产的辣椒酱样品 5 个，分别从中分离鉴定了酵母菌分布，如表 5-3 所示。结果所有的工厂式辣椒酱中未检测出酵母菌，7 种传统式辣椒酱当中仅在 4 个样品中能分离出酵母菌，包含有 3 属 6 种，其中主要的有鲁氏酵母，还有假丝酵母菌，子囊均属酵母菌，耐高糖酵母菌，但只是在一个样品中发现，所以不能将其说成是辣椒酱的主要酵母菌。

表 5-3 传统辣椒酱和工厂式辣椒酱中分离鉴定的酵母菌分布

鉴定的细菌名	传统式（C）							工厂式（G）				
	C1	C2	C3	C4	C5	C6	C7	G1	G2	G3	G4	G5
蜜生菌丝酵母	—	—	9(30)	—	—	—	—	—	—	—	—	—
乳酸假丝酵母	1[1](3)	—	10(34)	—	—	—	—	—	—	—	—	—
球拟假丝酵母	—	—	1(3)	—	—	—	—	—	—	—	—	—
拜耳接合酵母	—	—	6(20)	—	—	—	—	—	—	—	—	—
鲁氏接合酵母	26(87)	29(97)	4(13)	—	28(93)	—	—	—	—	—	—	—
接合酵母菌属	3(10)	1(3)	—	—	2(7)	—	—	—	—	—	—	—

[1]鉴定数：（），分离频率（%）

（四）耐盐酵母菌的分布

为了研究传统辣椒酱发酵过程中耐盐酵母菌的分布，将辣椒酱放置在 30℃发酵 45d 后，分期取样，每批分离出 30 个菌株，共分离得到 150 个菌株，结果如表 5-4 所示，其代表性的有皱褶假丝酵母，粉状毕赤酵母，酿酒酵母，鲁氏酵母等。

随着辣椒酱的发酵进程鲁氏酵母分离频率增加，发酵 7d 之后分离得到的酵母菌中占有 55%~90%，在发酵酵母菌当中占主导菌株。传统辣椒酱随制造地区检测出来的酵母菌总数有所不同，在 10^5-10^7 CFU/g 之间，发酵开始到中期一直增加，后期减少。酵母菌的主要作用主要体现在发酵初期，随之气体产生量也主要集中在发酵初期。

表 5-4 传统辣椒酱发酵过程中酵母菌的分布

酵母菌	发酵时间（d）				
	0	**7**	**14**	**30**	**45**
皱褶假丝酵母	8			1	2
粉状毕赤酵母	7	1			
酿酒酵母	1			1	
鲁氏酵母	1	17	17	21	27
未确定微生物	13	12	13	8	
合计	30	30	30	30	30

三、传统辣椒酱的微生物菌落

为了确认传统辣椒酱中的所有微生物菌群，从辣椒酱样品中检测总菌落数之后，分别分离出 30 株，总共获得 659 个菌株，进行了 rDNA 碱基序列分析。根据总菌数、鉴定频率等为基础，分析了总微生物菌群结果，鉴定出 7 属 26 种微生物，结果如图 5-3 所示。全体微生物中芽孢杆菌属占 95.1%，其次为海洋芽孢杆菌属占 1.9%，沙雷氏菌属占 1.4%，假丝酵母属 0.9%，接合酵母属 0.5%。另外，还未鉴定出的微生物。其中全部辣椒酱微生物中贝雷斯芽孢杆菌占 34%，其次是地衣芽孢杆菌占 21%，枯草杆菌亚种枯草芽孢杆菌占 18%，认为是辣椒酱发酵熟成之后的主要微生物。

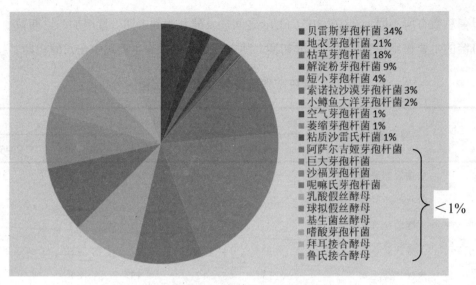

图 5-3. 传统辣椒酱的微生物总菌落数

第五节　传统辣椒酱的营养及保健功能

一、传统辣椒酱的营养

辣椒酱的原料中淀粉质所占的比重大,所以跟其他酱类比较其碳水化合物的含量比较高,如表 5-5a, 表 5-5b 含有大豆成分,所以其蛋白质含量也很高,是蛋白质、脂肪、碳水化合物的含量均衡的一种发酵食品。

表 5-5a 辣椒酱的一般成分（每 100g 含量）

食品名	热量 kcal	水分 %	粗蛋白 g	粗脂肪 g	碳水化合物 g		灰分 g	钾 g
					糖类	纤维		
辣椒酱	148	47.7	8.9	4.1	15.9	3.5	19.9	126
辣椒粉	292	4.4	10.3	1.4	59.5	4.7	19.6	59

表 5-5b 椒酱的一般成分（每 100g 含量）

食品名	磷	铁	维他命 A	维他命 B₁	维他命 B₂	叶酸	维他命 C
	mg	mg	总维他命 I.U	ug	ug	mg	ug
辣椒酱	72	13.6	0	0.35	0.35	1.5	0
辣椒粉	113	5.9	11.760	0.32	0.20	3.6	8

跟大酱、酱油相比，辣椒酱的维他命含量较多，但是跟红辣椒 100g 中的维他命 A 和 C 的含量分别为 230mg 和 11，760I.U.相比，辣椒酱几乎不含有这些，所以利用辣椒酱的食品中添加鲜辣椒粉有益于成分的补充。并且，辣椒酱为谷类含量比较多的食品，其热量值也跟其他酱类相比较偏高一些，如表 5-6 所示。

表 5-6 辣椒酱、大酱、酱油的维他命类、热量、糖类、蛋白质的比较

食品名	热量	胡萝卜素	维生素 B₁	维生素 B₂	维生素 C	烟酸	叶酸	糖质	蛋白质
	Kcal	μg/g	mg	mg	mg	mg	γ/100g	g	g
辣椒酱	292	12.9	0.35	0.35	-	1.5	57.0	59.5	10.3
酱油	38	-	0.3	0.10	-	1.2	0.5	4.4	4.3
大酱	128	-	0.04	0.20	-	0	53.0	10.7	12.0

辣椒酱蛋白质含量比大酱稍低，但是作为大豆加工食品，辣椒酱可以认为是蛋白质供给食品。原料中的蛋白质被蛋白质分解酶作用分解产生氨基酸，作用于辣椒酱的发酵熟成，如果食盐浓度过高会抑制蛋白酶活性。酿制低盐辣椒酱的时候，低浓度的乙醇（2%~4%）或者乳酸的添加有利于提高蛋白酶的活性。

辣椒酱的总氨基酸含量为 3.5%~4.1%，其中谷氨酸最多，天门冬氨酸为辅助性滋味成分。发酵好的辣椒酱含有蛋氨酸，是必需氨基酸之一。高盐辣椒酱和低盐辣椒酱的氨基酸组成及含量如表 5-7 所示：

表 5-7 辣椒酱的氨基酸组成及含量

氨基酸	高盐辣椒酱(%)	低盐辣椒酱(%)
赖氨酸	0.1128	0.0598
组氨酸	0.0223	0.0437
精氨酸	0.0222	0.0365
天门冬氨酸	0.6462	0.6332
苏氨酸	0.6310	0.1806
丝氨酸	0.2828	0.2609
谷氨酸	1.0531	0.9587
脯氨酸	0.2528	0.2400
甘氨酸	0.1843	0.2195
丙氨酸	0.2817	0.2676
缬氨酸	0.2211	0.2204
蛋氨酸	0.0388	0.0366
异亮氨酸	0.1294	0.1263
亮氨酸	0.2318	0.2385
酪氨酸	痕量	痕量
苯丙氨酸	痕量	痕量
色氨酸	痕量	痕量
总计	4.1103	3.558

在辣椒酱发酵过程中，取决于大豆含量的含氮化合物如氨基态氮、氨态氮、水溶性氮等在发酵 30d 内一直增加，之后呈现缓慢增加的趋势。氨基态氮是判断辣椒酱发酵熟成度的重要指标，也是原料中大豆含量多少和成品中滋味成分含量多少的衡量指标。在原料中大豆含量越多，被米曲霉、酱油曲霉等发酵微生物的蛋白酶水解作用下蛋白质水解转化为氨基态氮的含量越多。食盐浓度越低，发酵过程中杂菌繁殖越多，氨态氮的含量呈现出越高的值。

辣椒酱的游离糖主要含有葡萄糖和果糖。在辣椒酱发酵过程中，主要的有机酸为焦谷氨酸，丙酮酸，柠檬酸。草酸仅在红薯辣椒酱中可以检测到，琥珀酸和富马酸含量在红薯辣椒酱中最高。乳酸在辣椒酱原料中不存在，但经过发酵后可以检测出来，是一种辣椒酱的发酵指标物质，如表 5-8 所示。

辣椒酱的粗脂肪含量为 2.24%~2.53%，亚油酸，亚麻酸等必需脂肪酸含量占总脂肪酸含量的 61%~85%，可见辣椒酱在品质上是很优秀的食品。辣椒酱的食盐浓度低，会使在发酵初期有利于微生物繁殖的有机酸迅速增加，导致辣椒酱品质低下。

表 5-8 不同辣椒酱的有机酸比较

有机酸	辣椒酱			
	糯米辣椒酱(%)	大米辣椒酱(%)	小麦粉辣椒酱(%)	红薯辣椒酱(%)
乳酸	19.0	21.0	15.5	22.0
乙醇酸	3.8	2.0	1.5	3.2
草酸	—	—	—	—
丙酮酸	100.5	102.5	41.3	11.2
琥珀酸	62.5	11.5	51.3	84.6
苹果酸	26.0	37.0	22.5	27.6
吡咯谷氨酸	106.5	118.5	82.5	192.0
柠檬酸	96.0	78.0	52.5	23.2
总计	414.3	370.5	267.1	464.8

二、传统辣椒酱的保健功能性

传统辣椒酱的保健功能性研究应该包括原料本身所具有的生理活性和发酵过程中生成的功能性成分所具有的生理功能两个方面。其中辣椒、大豆等原料的保健功能方面的研究报告比较多，不在这里多加介绍。下面，对发酵好的传统辣椒酱的生理活性功能进行系统的叙述。

传统辣椒酱的功能性研究大体上有抗肥胖、抗癌及抗肿瘤等方面。

（一）抗肥胖效果

辣椒酱所含有的辣椒素在体内的几种生理活性中促进脂肪代谢的功能尤为重要。韩国釜山大学的朴健荣教授研究团队通过动物试验和人体试验确认了辣椒酱的抗肥胖生理功能。

朴健荣教授研究表明，单纯喂食高脂肪饲料的老鼠和喂食高脂肪饲料中添加 9.5% 辣椒酱的老鼠，它们之间比较了体重和体内脂肪积累量变化量，后者比前者体重减少了 13%，体脂肪积累量减少了 30%，其原因是辣椒酱促进了能量消耗而引起的。单纯喂食辣椒提取物的老鼠和喂食含有等量辣椒的辣椒酱提取物的老鼠抗肥胖实验中，后者的抗肥胖效果明显好于前者。研究团队认为这是辣椒酱在发酵过程中产生的抗肥胖效果因子而引起的。

在不同加工法制造的辣椒酱的抗肥胖效果研究中，比较了喂食高脂肪饲料和喂食辣椒酱的老鼠的脂肪组织减少效果，其中食辣椒酱的老鼠的抗肥胖效果较好。为了验证发酵前后辣椒酱的抗肥胖效果，给老鼠喂食了高脂肪饲料和辣椒酱，比较了体重变化，结果喂食了发酵好的辣椒酱的老鼠体重减少效果比较好，尤其是喂食传统辣椒酱的老鼠体重减少量最大。这说明，辣椒酱在发酵过程中增进体重减少效果，同时观察到附睾丸、肾脏等器官的脂肪积累减少效果。在传统式、工厂式辣椒酱和辣椒粉的抗肥胖效果比较实验中，通过动物实验发现传统式发酵辣椒酱的体重增加量显著低于其他两个处理组，脏器组织重量、中性脂肪含量、胆固醇含量也低，由此证明了发酵辣椒酱的抗肥胖效果。

在辣椒酱抗肥胖人体适用实验中，将辣椒酱制成丸剂，经 12 周每天食用 32g，发现肠内脂肪面积、肠内脂肪/皮下脂肪比率有了明显的改善。并且辣椒酱食用人群的中性脂肪含量显著减少，血中脂肪及蛋白质含量明显改善，动脉硬化指数、冠状动脉硬化指数得到了改善。

根据上述实验结果可以看出，肥胖人群长期食用辣椒酱，可以控制肥胖，也可以通过血中脂肪及脂蛋白血脂蛋白的改善，预防冠状动脉疾病的发生。

（二）抗癌及抗肿瘤效果

辣椒酱的功能性研究是对其研究最多的领域。辣椒酱的抗癌功能方面有很多研究人员发表的相关论文，且其功能作用是肯定性的。尤其是在传统发酵辣椒酱的效果更好。

大蒜粥添加在辣椒酱一起发酵的大蒜辣椒酱的喂食实验中，对胃癌、大肠癌、肺癌细胞的抗癌效果较抗癌剂低，但是比单独喂食辣椒酱组表现出相当高的癌细胞生长抑制效果。

收集了多种淳昌辣椒酱，将其进行冷冻干燥之后用乙醇提取，进行了不同实验。结果，在艾姆氏实验中传统辣椒酱表现出较高的抗突变效果，对真核细胞具有抑制癌细胞生长，对人体胃癌细胞其抑制效果虽然比大酱低，但是传统辣椒酱具有相当大的抑制作用。

在传统辣椒酱中，具有抗癌作用的物质不是单一的，而是复合的物质作用的结果。利用面粉制备了发酵剂添加到辣椒酱中进行发酵而制造工厂式辣椒酱，然后对成品辣椒酱和各种制造原料进行甲醇提取分别获得了甲醇提取液，对胃癌细胞进行了抗癌实验，结果添加面粉发酵剂发酵的辣椒酱的抗癌效果最好，且其效果与发酵时间的长短有关。添加洋葱制备了洋葱辣椒酱，将其用乙醇提取，冷冻干燥制备了提取物，进行了抗癌及免疫活性实验。结果，对具有浓度依赖性抗突变效果，且添加洋葱的辣椒酱效果更大。对 MCF-7 癌细胞也具有抗突变效果且洋葱添加辣椒酱的效果更好。

利用刀豆制备清麴酱替代传统酱坯，制备了辣椒酱，并进行了抗炎及抗癌实验。将刀豆辣椒酱用 80%乙醇和蒸馏水提取制备提取物，经动物实验，刀豆添加量的增加抗氧化活性增加，癌细胞的抑制作用随提取物的浓度增加而变大。对肠黏膜损伤的动物喂食辣椒酱发现有助于损伤黏膜的恢复。

朝鲜族淳昌地区是辣椒酱的主产地，收集了传统方法制造的辣椒酱和工厂化生产的辣椒酱，冷冻干燥之后用甲醇提取获得提取物，给小鼠移植了 Sarcoma-180 肉瘤细胞，经过 32d 之后比较了肿瘤的重量，结果对照组肉瘤重为 6.0 g，而发酵辣椒酱处理组重量为 3.3 g，表现出 45%的抑制率，未发酵的辣椒酱处理的抑制率仅为 17%，工厂化生产的辣椒酱为 23%，显现出发酵好的传统辣椒酱的肿瘤抑制率高于工厂化生产的辣椒酱。

不同发酵熟成辣椒酱对肿瘤细胞转移抑制效果实验中，对照组有 318 个细胞株转移到肺脏，而不同发酵熟成的辣椒酱处理时分别转移了 56 个和 66 个，表现出抑制率分别为 79%和 84%，显示出不同发酵熟成度之间有差异。工厂化生产的辣椒酱也显现出34%和58%的抑制率，但是比传统辣椒酱抑制率低。

有学者对大豆发酵食品的代表大酱、酱油、辣椒酱、清麴酱，制备了甲醇提取物后进行了比较抗肿瘤效果实验。结果显示，抗肿瘤效果大小为大酱＞辣椒酱＞酱油＞清麴酱。这些提取物在 100℃，加热 15 min 效果也稳定，其具有效果的提取物具有非极性化合物。

综合所述的研究报告，发酵好的辣椒酱具有相当大的抗癌效果，而且辣椒酱加工过程中添加具有抗癌效果的原料，其抗癌效果会显现出加成效应。

（三）其他功能

辣椒酱的其他功能有抑菌作用、中性脂肪生成抑制作用、溶解血栓作用、免疫活性功能等研究报告。

第六节　朝鲜族辣椒酱工厂化生产技术

传统辣椒酱和工厂式辣椒酱的差异主要表现在原料和发酵方法两个方面。工厂化生产辣椒酱时，淀粉质原料一般多选用面粉，甜味料也是不添加糖稀而添加工厂化生产的淀粉糖浆，是为了降低成本。工厂化生产辣椒酱在发酵过程中采用人工接种种菌，在人工控制条件下，短时间内发酵熟成。工厂化生产辣椒酱的工艺流程如图5-4所示：

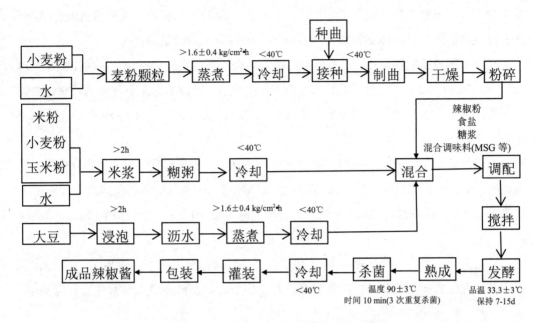

图 5-4 工厂化生产辣椒酱的工艺流程

淀粉质原料一般选用小麦粉、糯米、小麦米等,蒸煮工程选用面粉蒸煮机和大豆(谷物)蒸煮机蒸煮。大豆和谷物的浸泡时间一般在 2h 以上,浸泡好的原料经脱水工艺再进入蒸煮,小麦粉在蒸煮机内（5±1）kg/cm² 压力下蒸煮 10s 以上,谷物在蒸煮机内压力调节成（1.6±0.4）kg/cm²,蒸煮 1h 以上。蒸煮结束之后,立即用冷却水将原料冷却至 40℃ 以下。此时,检测原料内部和表面的水分含量。大豆利用精选机去除泥沙、虫瘿粒、杂草等,浸泡 2h 以上,利用蒸煮锅在（1.6±0.4）kg/cm² 压力下蒸煮 1h 以上,冷却至 40℃ 以下,检查原料的表面情况和水分状况。如果选用脱脂大豆,蒸煮条件为压力在 2~2.5kg/cm²,1h 以上。

在工厂化生产辣椒酱的时候,种曲制备一般选用米曲霉单一菌种或者米曲霉和芽孢杆菌两个菌种混合使用。大部分情况下,种曲的制备都在自动种曲培养机内进行,接种量为总重量的 0.04%,制曲室内品温控制在（33±3）℃,加湿温度控制在（40±3）℃,培养 48h。

混合配料工艺根据辣椒粉添加时期的不同分为两种,一种是辣椒粉添加在混合配料时,故称"先添加",另一种是辣椒粉添加在混合配料经发酵之后,故称"后添加"。"先添加"时辣椒粉和淀粉质原料、大豆、脱脂大豆（选用的情况下）、种曲、食盐、水等一起放入混合锅内混合。此时,调节水分含量和盐度。"后添加"时,先把淀粉质原料、大豆、脱脂大豆（选用的情况下）、种曲、食盐、水等放入搅拌机内混合搅拌，在发酵罐内发酵，然后添加辣椒粉混合均匀，再调节水分含量的盐度。

在发酵熟成工艺过程中，"先添加"时将混合物投放到发酵罐内，温度控制在（33±3）℃，发酵 15d 左右，而"后添加"时发酵时间在 7d 左右。发酵时间的长短，根据氨基态氮含量和水分含量的检测数据来决定，一般氨基态氮含量为 160mg% 以上，水分含量 45% 以下时，可以终止发酵。

杀菌及调配工艺过程中物料的杀菌有两种方法。一种为将发酵熟成物、辣椒粉、糖稀、混合调味料、食盐、味素（MSG）等放入调配罐内混合均匀搅拌，然后移入杀菌锅加热 65±3℃，维持 20±5min 杀菌，另一种为品温在 90±3℃反复加热 10min，进行杀菌。

杀菌之后的产品，要迅速冷却至 40℃以下，移入包装工艺进行包装。

最终辣椒酱产品的品质要检测外观，粗蛋白质、氨基酸态氮、焦油色素、保鲜剂、水分、pH 值、酸度等。

第六章　朝鲜族传统糕点生产技术

第一节　糕点及朝鲜族传统糕点的概述

一、糕点的定义

糕点即为以小麦粉或米粉为主要原料，配以糖、油脂、蛋、乳品等为辅料，再以各种馅料和调味料为特色，初制成型，再经蒸、烤、炸、炒等方式加工制成的一种食品。糕点品种多样，花式繁多，有3000多种。

二、糕点的分类

（一）按东西方分类，糕点可分为中式糕点和西式糕点。

（二）按原料分类，糕点可分为小麦面粉糕点和米粉糕点。

（三）按加工方法分类，糕点可分为热加工糕点和冷加工糕点。

1.热加工糕点

烘烤糕点、油炸糕点、水蒸糕点、熟粉糕点和其他糕点。

2.冷加工糕点

冷调韧糕类糕点、冷调松糕类糕点、蛋糕类糕点、油炸上糖浆类糕点、萨琪玛类糕点和其他类糕点。

三、中式糕点与西式糕点

（一）中式糕点的概念及其特点

1.中式糕点的概念

中式糕点源于我国的点心，简称"中点"，又称"面点"。它是以各种粮食、畜禽、鱼、虾、蛋、乳、蔬菜、果品等为原料，再配以多种调味品，经过加工而制成的色、香、味、形、质俱佳的各种营养食品。

2.中式糕点的特点

中式糕点在饮食形式上呈现出多种多样，既是人们不可缺少的主食，又是人们调剂口味的补充食品（如：糕、团、饼、包、饺、面、粉、粥等）。在人们的日常生活中，面点有作为正餐的米面主食，有作为早餐的早点、茶点，有作为宴席配置的席点，有作为旅游和调剂饮食的糕点、小吃，以及作为喜庆或节日礼物的礼品点心等。

（二）西式糕点的概念及其特点

1.西式糕点的概念

西式糕点简称"西点"，主要指源于欧美国家的点心。它是以小麦粉、糖、油脂、鸡蛋和乳品为原料，辅以干鲜果品和调味料，经过调制成型、装饰等工艺而制成的具有一定色、香、味、形、质的营养食品。

2.西式糕点的特点

西式糕点行业在西方通常被称为"烘焙业"，该行业在欧美国家十分发达。烘焙业不仅是西式烹饪的组成部分（即餐用面包和点心），而且是独立于西餐烹调之外的一种庞大的食品加工行业，是西方食品工业主要支柱产业之一。

四、朝鲜族传统糕点及其种类

（一）朝鲜族传统糕点的概念

朝鲜族传统糕点是以谷物粉为主要原料，和面成形，经蒸、煮、炸、烙等加工而制造的食品，其有糕和点心之分，根据所添加的谷物种类和加工方法、形状、地域等不同而有不同种类。

（二）朝鲜族传统糕点的特点

1.利用米粉（淀粉质谷物）的糕点种类多。

2.注重营养搭配，善于搭配豆类、坚果类、芝麻、苏子、干果、鲜果类等。

3.成形技法多样，其造型体现健康长寿、幸福快乐、祝福生日、花甲、结婚等寓意。

4.色彩艳丽，其染料源于自然。

（三）朝鲜族传统糕点的种类

朝鲜族糕点根据加工方式不同分为糕类和点心类。糕类可分为年糕类、蒸糕类、煎饼类和团糕类等；点心类可分为油果类、油蜜果类、糖稀果类、蜜饯类等。

年糕类有打糕、菱糕、艾蒿糕、土豆糕等；蒸糕类有发糕、白蒸糕、彩虹糕等；煎饼类有花煎饼、南瓜饼、香酥饼等；团糕类有芝麻团糕、黑苏子团糕等。

油果类有糯米油果；油蜜果类有花形油蜜果；糖稀果有芝麻果、黑苏子果、花生仁果等；蜜饯类有柿饼、梅实蜜饯、姜片蜜饯、杏蜜饯等。

（四）代表性朝鲜族传统油果类糕点

1.油果

油果是将糯米粉用豆浆和成面团，擀压切成一定造型的米粉坯，干燥之后油炸膨化，其表面裹一层蜂蜜或者糖稀，粘上米花或芝麻（苏子）的传统糕点。

2.油密果

油密果是将小麦粉用蜂蜜或者植物油和面，用模具烙印出各种花样，或者切成一定厚度和大小的面坯，烙制而成的传统民俗饼干。

3.坚果糖

坚果糖是将坚果、芝麻、苏子、膨化谷粒等，用稀麦芽糖（糖稀）拌和，做成一定形状的休闲食品。

第二节　传统油果原料及其特性

一、传统油果原料组

油果是油果类糕点的一种，经加工米坯，油炸米坯，裹糖浆、粘点缀等步骤制成。其原料有糯米、大豆、油炸油、蜂蜜、糖稀、蔗糖、淀粉糖、糖醇等糖类，白芝麻、黑芝麻、苏子籽、食用天然色素等点缀料。

二、各种原料的理化特性

1.糯米

糯米即糯性稻谷制成的米。朝鲜族长期以来居住我国北方地区，这里适合种植粳稻。所以糯米采用粳糯米（以下统称糯米），米粒一般呈椭圆形，乳白色，不透明，也有的呈半透明状（俗称阴糯），黏性大。

糯米的主要化学成分为淀粉，约占糯米质量的 74.8%、水分含量约为 14.2%、蛋白质约为 7.6%、粗脂肪约为 1.5%、灰分约为 1.0%、纤维含量约为 0.6%，糯米的淀粉含量为 57.1%~7.9%，其中绝大部分为支链淀粉。不同品种的糯米的成分会有所不同，此处为实际应用的糯米化学组成。

传统油果的制作选择糯米的理由是其支链淀粉含量高，占 98%，而直链淀粉仅占 2%。这样的淀粉组成有利于油炸后的制品膨化，使糕点酥脆。

2.油炸油

作为加热介质，油炸油是油炸膨化油食品生产中重要的原材料，其质量好坏直接影响油果的品质，如色泽、风味、贮藏稳定性及安全性。因此，对油炸油的选择应极为慎重。

选择油炸油最基本的原则是油脂的稳定性与新鲜度，其次是风味与色泽。油炸过程中，油脂一直处于高温状态，物料的水分及金属离子的触媒作用使油脂极易氧化，甚至恶化，如色泽变深、黏度增大、酸价升高、过氧化物增高、出现异味等。另外，油脂在贮藏过程中，受温度、光照、水分、微生物及微量元素的影响，也会产生不同程度的氧化作用。当氧化作用处于开始阶段时，在外观甚至理化指标上都检测不到变化。但一定时间后，其后果就会显现出来，明显的变化就是油脂的酸价增高，过氧化值升高。此时，即使加入抗氧化剂也无事无补，因为抗氧化剂只能延缓新鲜油脂的氧化，不能阻止处于诱导期的油脂转变，这种氧化作用是不可逆的。因此，在使用油脂时，应确定油脂的新鲜度，在良好的环境下贮藏，并尽快使用。贮藏时应添加一些抗氧化剂，如茶多酚、维生素 E、没食子酸丙脂（PG）、特丁基对苯二酚（TBHQ）、柠檬酸（增效剂）、丁基羟基茴香醚（BHA）、二丁基羟基甲苯（BHT）等，抗氧化剂的用量一般低于 0.01%，复合抗氧剂的用量一般低于 0.02%。

常用的油炸油有日本的油炸油、马来西亚棕榈油及脱臭色拉油等。我国的企业一般以棕榈油为主，也有少量使用日本油炸油，其优点是稳定性好，风味优良，缺点是仅限于冬季使用。

日本油炸油由 40%的动物油（牛油、猪板油）、60%植物油（如豆油、米糠油、棕榈油）组成，其标准如下：

亚油酸：≤8.2%　　　　　　水分：≤0.3%

油酸：39.6%　　　　　　　熔点：30℃～40℃（37.1℃）

酸价：≤0.1　　　　　　　碘价：45～65（56.1）

皂化价：190～200（198）　活性氧化（AOM）值：超过 60h

维生素 E：100mg/kg

棕榈油一般用马来西亚生产的棕榈油，其主要组分为 16 个碳原子的棕榈酸，其次是油酸，亚油酸含量很低，稳定性高，这是一种理想的油炸油，但风味稍差，油炸棕榈油的标准规格如下：

游离脂肪酸（FFA）：＜0.1%　　过氧化值（POV）：＜1mmol/kg

水分及杂质：＜0.1%　　　　　　熔点：38～42℃

碘价：48～56　　　　　　　　　皂化价：195～205

颜色（罗维朋比色法）：红2黄18

AOM值：＜72h　　　　　　香味：绝对天然，变质变味

抗氧化剂：含BHT150mg/kg

AOM值是衡量油脂贮藏稳定性和在高温条件下氧化速度的重要指标，棕榈油AOM值较高，稳定性好。

3.糖类

糖是油果生产中常用的原料之一，其除赋予产品以甜味外，还对大米面团的特性及产品的品质产生一定的影响。油果加工中应用的糖类分传统糖和工业生产糖两种。经常使用的糖有蜂蜜、糖稀、蔗糖、果糖、淀粉糖浆（如玉米糖浆、麦芽糖浆等），有时也会用葡萄糖及糖醇。

（1）蜂蜜

蜂蜜是一种天然的甜味物质，由蜜蜂从花蜜中采集而来，并通过各种酶类反复咀嚼，最终形成的一种具有特殊化学成分和保健功能的黏稠液体。蜂蜜是人类最早应用的甜味物质。蜂蜜不仅给食品增加甜味，还可以增加黏性和亮度。所以古时候开始蜂蜜广泛用于食品加工上。

蜂蜜不仅可以食用，还具有丰富的营养价值和各种健康功效，因此被誉为天然的健康甜品。

首先，蜂蜜富含多种维生素和矿物质，如维生素A、维生素C、维生素B群、钙、铁、镁等。这些营养物质对人体的健康发挥着重要作用，能够增强免疫力、提高抗氧化能力、促进新陈代谢和调节神经系统功能。

其次，蜂蜜具有抗菌和抗炎作用。蜂蜜中含有一种被称为"蜂胶"的物质，它能够抑制多种细菌和真菌的生长，有效预防感染。此外，蜂蜜还含有一些抗炎物质，可以缓解疼痛和减轻炎症反应。

另外，蜂蜜对呼吸系统和消化系统也有益处。蜂蜜中的某些成分具有镇咳、止痛和平滑肌肉的作用，有助于缓解咳嗽和咽喉疼痛。此外，蜂蜜含有的多种酶能够促进消化和吸收，缓解胃肠不适和便秘等问题。

此外,蜂蜜还有助于睡眠和情绪的调节。蜂蜜中的一种氨基酸叫作色氨酸,它是合成脑内血清素的必要物质,而血清素则是一种调节情绪和睡眠的重要神经递质。因此,适量摄入蜂蜜可以起到安神助眠的作用。

需要注意的是,虽然蜂蜜有很多好处,但也应该适量食用。蜂蜜虽然是天然甜味物质,但其中的葡萄糖和果糖含量较高,摄入过多可能导致血糖升高和体重增加。此外,1 岁以下婴儿禁食蜂蜜,因为蜂蜜中可能含有婴儿肠道菌感染的致病菌。

综上所述,蜂蜜是一种天然的健康甜品,具有丰富的营养价值和各种健康功效。适量食用蜂蜜可以增强免疫力、抗菌和抗炎、促进消化、改善睡眠和情绪等。但要注意适量食用,避免摄入过多。

(2)糖稀

糖稀又叫饴糖,是由玉米、大麦、小麦、粟或玉蜀黍等粮食经发酵糖化而制成的食品。糖稀是人类最古老的甜味加工食品,主要成分为麦芽糖,微黄褐色,根据加热浓缩程度的不同,即水分含量的多少可以分为液体糖稀、半固体糖稀和固体糖稀。在食品加工中可以当作甜味剂应用,还可以给食物增添黏性和亮泽。

糖稀也是一味传统中药,性味甘、温,归脾、胃、肺经,临床主要用来补脾益气、缓急止痛、润肺止咳,治疗脾胃气虚、中焦虚寒、肺虚久咳、气短气喘等,在多个经方中皆有应用。另外糖稀还具有一定的还原性,可以抗氧化,具有较大的渗透压,能抑制制剂中微生物的生长繁殖。

(3)蔗糖

蔗糖是由一个葡萄糖分子与一个果糖分子以 a-1,4-糖苷键结合而成的还原糖。蔗糖甜味纯正,具有良好的口感,尽管有较高的热量(1672kJ/100g)、促进龋齿生成等缺点,但在油果中用量不占主要地位,因而仍被广泛使用。

蔗糖通常以结晶的形式存在,按其纯度及组成状态可分为白砂糖、黄砂糖、绵白糖几种,一般油果生产上使用白砂糖最多。

(4)淀粉糖浆

由淀粉转化而来的糖浆为淀粉糖浆,如玉米糖浆、麦芽糖浆等,转化方式有酸转化与酶转化两种形式。淀粉转化的程度决定了糖浆的性状和甜度,通常转化程度以糖化率(葡萄糖值)表示,称为 DE 值。其公式如 6·1 所示:

DE=直接还原糖(以葡萄糖表示)固体成分×100%(6·1)

糖化率越高,糖浆越甜,黏度越低,吸湿性、抑制砂糖结晶的作用也越小,所用糖浆是由 DE 值和团形物含量来决定的，油果中常用的糖浆 DE 值一般为 38%～42%，固形物含量约为 70%。

（5）果糖

果糖是一种重要的功能甜味剂，富含于蜂蜜和许多水果中，果糖甜度高，大约是蔗糖的 1.73 倍，葡萄糖的 2.34 倍。其代谢途径不受胰岛素制约，可供糖尿病人食用；不易被口腔微生物利用，对牙齿的不利影响比蔗糖小，果糖是己酮糖，晶体中的果糖以呋喃结构形式存在，水溶液中果糖主要以吡喃结构存在，有 a 和 β 异构体，与开链结构呈动态平衡。纯净的果糖呈无色针状或三棱形结晶，故称结晶果糖，其吸湿性强，具有还原性，能与可溶性氨基化合物发生美拉德褐变。

（6）糖醇

糖醇也称为多元醇，实际上也是糖的一种衍生物。重要的糖醇有木糖醇、山梨醇、甘露醇、麦芽糖醇、乳糖醇、异麦芽酮糖醇和氢化淀粉水解物等。糖醇的主要功能体现在以下方面：在人体中代谢途径与胰岛素无关，可供糖尿病人食用；不易被口腔微生物利用，对牙齿的不利影响比蔗糖小；部分糖醇，如乳糖醇的代谢特性类似膳食纤维，具备膳食纤维的部分生理功能；相比于对应的糖类甜味剂，糖醇具有甜度、热度、能量值较低，不参与美拉德褐变等特点。

①木糖醇

木糖醇是存在于多种水果、蔬菜中的天然五碳糖醇，分子式 $C_5H_{12}O_5$，相对分子质量 152.15。木糖醇为白色结晶状粉末物质，熔点 93℃～94.5℃，沸点 216℃，极易溶于水，微溶于乙醇和甲醇。热稳定性好，10%水溶液的 pH 值为 5～7。木糖醇溶于水的吸热量是所有糖醇中最大的，有清凉、爽口的口感特性。

②山梨糖醇

山梨糖醇和甘露糖醇广泛存在于植物中，互为同异构体，分子式 $C_6H_{14}O_6$，相对分子质量 182.17，甜度是蔗糖的 60%左右。山梨糖醇为无色针状晶体，相对密度 1.48，熔点 96～97℃，易溶于水，微溶于甲醇、乙醇和醋酸等。具有极大的吸湿性，在水溶液中不易结晶析出，能螯合各种金属离子。对微生物的抵抗力也比相应的蔗糖强。甘露糖醇是一种白色结晶体，熔点为 165～168℃，甜度是蔗糖的 50%左右，吸湿性低，吸湿后也不会结块。

③麦芽糖醇

麦芽糖醇是由麦芽糖氢化制得,工业食用的麦芽糖醇大多是由淀粉酶分解出含多种组分的"葡萄糖浆"后再氢化制成。制品中麦芽糖醇含量从 50%到 90%不等，故称麦芽糖醇糖浆（又称氢化葡萄糖浆），甜度约为蔗糖的 75%～95%。麦芽糖醇的化学名为 1,4-O-α-D-吡喃葡萄糖基-D-山梨糖醇，分子式 $C_{12}H_{24}O_{11}$，相对分子质量 344。

纯净的麦芽糖醇呈无色透明晶体，熔点 135～140℃，对热对酸很稳定，易溶于水，食用时几乎没有凉爽的口感特性。

④乳糖醇

乳糖醇在肠道内几乎不被吸收，能量值极低，且有清爽明快的甜味，甜度是蔗糖的30%～40%。作为一种功能性甜味剂，乳糖醇可代替蔗糖应用在很多食品上。乳糖醇的化学名为 4-O-β-d-吡喃半乳糖基-D-葡萄糖醇，分子式 $C_{12}H_{24}O_{11}$，相对分子质量 344。

⑤异麦芽糖醇

异麦芽酮糖醇为 α-D-吡喃葡萄糖基-1，6-D-山梨醇（GPS）和 α-D-葡萄糖基-1，6-D-甘露醇（GPM）的异构体混合物。由于其具有甜味纯正、低吸湿性、高稳定性、低能量、糖尿病人可以食用等优点，因此是一种有发展前景的功能性甜味剂。

4.点缀

油果最外层往往用黑白芝麻、黑白苏子籽、大豆粉、花生碎等，粘在油果表面，增加色彩。朝鲜族糕点的配色颜料一般取自天然。

天然食用颜料素材可以选择红甜菜（红）、面瓜（黄）、绿茶粉（绿）、艾蒿粉（绿）、芝麻（黑、白）、苏子（黑、白）等。

第三节　传统油果加工技术

一、油果的概念与油炸膨化的基本方法

（一）油果的概念

油果是指以食用油为加热介质，利用相变和气体的热压效应，使被加工的米坯中的

水分迅速汽化，产生瞬时的膨胀力，带动组分中的高分子物质结构变化，形成疏松多孔的网状结构。

当米坯进入热油中时，表面温度迅速升高。水分汽化，表面出现多孔的干燥层，水分逸出的空间由热油代替，由此形成油膜界面。油膜界面的厚度控制着传热与传质的进行，它与油的温度及流动速度有关。当水分汽化层向食品内部迁移时，油膜界面也随之向内移动，从而产生强大的蒸汽压差，使食品脱水并膨胀。

油炸膨化的主要目的是改善油果的形态并赋予油果更佳的色泽、香气和风味，因此油炸时的温度对油果的品质而言具有重要意义。油温过低，油果坯内的水分汽化速度较慢，短时间内无法形成强大的蒸气压，因而造成油果膨化不良，且因坯料在油中的时间过长，表面色泽加深，口感较硬；油温过高，坯料易焦化、卷曲，产生焦烂味，影响产品的外观及口感，并加速油质的劣化。一般而言，油果坯水分为 8%~10% 时，常温下油炸的温度控制在 180℃~190℃，油炸时间控制在 30~120s 之间，可获得良好的产品。真空油炸则其温度控制在 75℃~85℃，时间控制在 120~180s 为宜。

（二）油炸膨化的基本方法

油炸膨化的基本方法根据压力的不同可分为常压深层油炸和真空深层油炸。根据油炸介质的不同则可分为纯油油炸和水油混合式油炸。

二、油炸油果坯料的制造

油炸油果坯料的制造方法较多，大致可分为两类：一类为蒸煮延压法，一类为蒸煮挤压法。其差异在于：第一，两者的蒸煮设备差异，前者在蒸炼机中以蒸汽蒸煮，后者在挤压机内以电热及高压剪切蒸煮或蒸汽蒸煮。第二，二者成形方式不同，前者以延压方式成形，后者以挤压方式成形。第三，前者设备投资大，能耗高，占地面积大，后者设备投资小，能耗低，占地面积小，工作效率更高。

（一）蒸煮延压法制坯

1.工艺流程

蒸煮延压法制坯的工艺流程如下：

原料大米→粉碎→配料→蒸煮搅拌→延压卷片→冷却老化→压纹切割成形→一次干燥→调质→二次干燥→油炸→调味→包装

2.操作要点

（1）粉碎

干净大米用粉碎机粉碎至80～100目。

（2）搅拌蒸煮

将各种原辅料置于蒸煮锅中，加入适量的水，在0.2~0.4MPa的蒸汽压力下，搅拌蒸煮3~5min，这时淀粉糊化成胶质状的黏性面团，蒸煮后水分控制在40%左右。

（3）辊压与老化

蒸煮好的面团辊压成厚度为1.5~3mm具有一定花纹的薄皮，并输送到多层冷却机上冷却；然后将面皮在钢管上卷成350mm的面卷，存放在相对湿度为50%~60%的空气不流通的房间（塑料棚或铝合金棚）8~12h，达到醒发均质的目的。

（4）切割成形

将老化后的面皮按所需形状在成形机上压纹切割成形。

（5）一次干燥

50℃~60℃条件下干燥1.5~2.0h后使坯料水分下降至15%~20%。

（6）调质

一次干燥的半成品一般需存放24h使水分渗透均匀，以利于坯料的二次干燥和油炸膨化。

（7）二次干燥

调质后的坯料再在80℃下进行二次干燥至水分为8%～10%。然后在180～200℃下进行油炸膨化。经膨化后再进行调味和包装即得成品。

（二）蒸煮挤压法制坯

该工艺一般采用双螺杆挤压机，在低剪切挤压机前，又增加了一台高剪切挤压机用于原料的蒸煮。

1.工艺流程

米粉→配料→混合→预处理→蒸煮→挤出→冷却→挤出成形→干燥→坯料。

2.操作要点

（1）粉碎

大米及其他粒状原辅料需粉碎至40～100目。

（2）混合及预处理

原辅料按配方比例依次放入混合机中混合均匀，然后送入预处理机中加湿、均湿，水分35%左右。

（3）蒸煮挤压成形

原料在蒸煮挤压机内借助外部能量高速剪切迅速糊化，待原料糊化充分后，由出料口挤出，进入二次挤压机内冷却，然后再挤出成为所需的形状的粗坯料。此时，油果坯料的水分较高，约为35%。

（4）干燥

挤出的坯料经60℃~70℃热风干燥，直至坯料水分含量为8%~10%，然后包装。也有的工艺采用二次干燥法，以利于坯料的长期保存。

三、油炸油果膨化工艺与设备

目前,国内企业使用的油炸设备主要分为三种类型：一是传统的常压深层油炸设备，使用这类设备的企业较多。二是水油混合式深层油炸设备，处于推广应用阶段。三是真空深层油炸设备，因投资大，使用的企业较少。就食品安全性角度而言，真空深层油炸设备应是最佳选择。下文简要介绍三种工艺设备：

（一）传统油炸膨化工艺与设备

1.传统油炸膨化设备的结构组成

一般由箱体、电加热装置、温控器、油炸网箱组成，又称间歇式油炸锅，其生产能力较低，操作较麻烦，仅适于小批量生产，大批量一般使用连续深层油炸设备。

油果坯料油炸后一般要趁热进行脱油处理，降低油果的含油量。脱油设备为脱油离心机。离心机转速一般为 1000~1500r/min，时间 5~8min，脱油后，油果油含量仍在25%~30%之间。

2.传统纯油炸工艺对食品的不良影响

（1）油炸过程中，全部的油均处于持续的高温状态。当食品所释放的水分和氧气同油接触时，油便会氧化生成羰基化合物、酮基酸、环氧酸等物质，这些物质均会使食品产生不良的味道并使油变黑。随着油使用时间的延长，在无氧状态下，油分子会与各种产物聚合生成环状化合物及高分子聚合物，使油的黏度上升，降低油的传热系数，增加食品的持油率，影响食品的质量与安全性。重复使用几次后的油便失去了使用价值。

（2）油炸过程中产生的物碎屑，会慢慢积存于油炸器的底部，时间一长就会成碳屑，使油变污油。同时食物残渣附着于油炸品的表面，会使油炸食品质量劣化。

油在高温条件下被反复使用，不饱和脂肪酸会产生热氧化反应，生成过氧化物，直接妨碍机体对食品脂肪和蛋白质的吸收，降低其营养效价。

（3）油在高温条件下被反复使用，油的某些分解产物会不断的聚合。分解过程中，产生许多毒性不尽相同的油脂聚合物，如环状单聚体、二聚体及多聚体，这些物质在人体内达到一定的含量会导致神经麻痹，甚至危及人的生命。

（二）水油混合式深层油炸膨化工艺与设备

1.水油混合式深层油炸膨化工艺的基本原理

水油混合式深层油炸膨化工艺是指在同一敞口容器中加入油和水，相对密度小的油占据容器的上半部，相对密度大的水则占据容器的下半部，将电热管水平安置在容器的油层中。油炸时，食品处在油层中，油水界面处设置水平冷却器以及强制循环风机对水进行冷却，使油水分界的温度控制在 55℃以下。炸制食品时产生的食物残渣从高温油层落下，积存于底部温度较低的水层中，同时残渣中所含的油经过水层分离后又返回油层，落入水中的残渣可以随水排出。

（1）该工艺使油局部受热，因而油的氧化程度系内要求显著降低。自动控温加热器使上层油温保持在 180℃~230℃，油水分界面的温度控制在 55℃以下，下层油温比较低，因而油的氧化程度大为降低，油的重复使用率大大提高。

（2）炸制食品时产生的食物残渣由于重力作用从高温油层落下，积存于底部的水层中，可定期经排污口排除，无须过滤处理，这避免了传统纯油油炸工艺产生的食物残渣对食品造成的许多不良影响。

（3）炸后的油不须过滤。炸制过程中油始终保持新鲜状态，所炸食品不但香、味俱佳，而且其外观品质良好。

（4）避免了传统纯油油炸过程中油因氧化聚变而成为废油的浪费，大大降低了油的损耗，节油效果十分明显。

水油混合深层油炸工艺因具有限位控制、分区控温、自动滤渣、节油节能等优点，所以在日本、韩国等国家已被普遍采用。

2.水油混合式油炸设备

（1）间歇式水油混合式油炸设备

无烟型多功能水油混合式油炸装置是间歇式水油混合油炸设备的代表，其主要由箱体、操作系统、锅盖、蒸笼、滤网、冷却循环气筒、排油烟管、温控数显系统、油位显示仪、油炸锅、电气控制系统、放油阀、冷却装置、蒸煮锅、排油烟孔、加热器、排污阀、脱排油烟装置等部分组成。

油炸时，将滤网置于加热器上，在油炸锅内先加水至油位显示仪规定的位置，再加入炸用油至油面高出加热器上方约 60mm 的位置，由电气控制系统自动控制加热器使其上方油层温度保持在 180℃~230℃，并通过温度数字显示系统准确显示其最高温度。炸制过程中产生的食物残渣从滤网漏下，经水油分界面进入油炸锅下部冷水中，积存于锅底，定期从排污阀排出。油炸过程中产生的油烟从排油烟孔进入排油烟管，通过脱排装置排除。放油阀具有放油和加水双重作用。由于加热器被设计在上表面 240°的圆周上发热，再加上油炸锅上部外侧涂有高效保温隔热材料，这样加热器所产生的热量就能有效地被油炸层所吸收，热效率得到进一步提高，而加热器下面的油层温度则远远低于油炸层的温度。

当油水分界面的温度超过 50℃时，由电气控制系统自动控制的冷却装置立即强制产生大量冷空气经由布置于油水分界面上的冷却循环系统抽出，形成高速气流，将大量的热量带走，使油水分界面的温度能自动控制在 55℃以下，并通过数显系统显示出来。

间歇式水油混合式油炸设备可以设计成多种形式。内外同时加热式油炸设备，它的基本组成部分仍为上油层、下油层、水层、加热装置、冷却装置、滤网等。冷却装置装在油水界面处，上油层的加热采用了内外同时加热以提高加热效率的加热方式，这样做还可以使上油层的油温分布更均匀；另外一个不同之处就是截面设计采用了上大下小的结构方式，即上油层的截面较大，而下油层和水层的截面较小，这样就可以在保证油炸能力的情况下。减少上油层的油量，以避免其在锅内不必要地停留时间和氧化变质。若与相同截面的设计相比，则使炸用油更新鲜，产品质量更好。采用上述油炸设备的油炸生产线的油炸过程由控制装置进行控制。食品置于滤网上放入油炸锅中进行油炸，油炸后由滤网倒入沥油输送装置沥油并冷却。

（2）连续深层油炸设备

这种油炸设备可以进行全自动连续操作，其结构一般由油炸机和成型机组成，如图6-1所示：

图6-1　连续深层油炸设备流水线

连续深层油炸机的主要部件有：机体、成形料坯输送带和潜油网带。机体内装有油槽和加热装置，如图6-2所示。待炸食品成型坯料由入口进入油炸机后，落在油槽内的网状输送带上。

图6-2　连续深层油炸机

由于生坯料在炸制过程中，水分大量蒸发，体积膨松，相对密度减小，因此易漂浮在油面上，造成其上下表面色泽差异很大，成熟程度不一等情况。因此，油槽上设有潜油网带，强迫炸坯潜入油内。潜油网带与油炸坯输送带回转方向相反，但速度一致，同步协助生坯前进，制品停留在油槽里的时间以保证其熟化度。油的加热方式有电加热和煤气加热两种。

这种连续式深层油炸设备可用作一般的纯油深层油炸设备，也可以设计成水油混合式深层油炸设备。在油槽中，后者不仅要设计加热管，还要设计冷却筒，同时必须放入水和油，情况类似前述的间歇式设备。日本生产的新型连续油炸设备，采用远红外加热元件对油进行加热，油温更加均匀，更易控制（装有温控器），而且由于采用红外加热，热效率高，耗能少。设备中还设计了油循环过滤装置，可以自动除去油炸时产生的渣屑。其油槽的设计较合理，使注油量减少到最小的程度，增大了调节范围，以适应不同胚料的油炸要求。

同传统油炸工艺一样，油果坯油炸后应趁热放入离心式脱油机中，进行脱油处理。离心机的转速一般为1000~1500r/min，时间5~8min，脱油后的油果含量油为25%~30%。

（三）真空低温油炸工艺与设备

1.真空低温油炸工艺的特点

近些年来，国内引进了真空低温油炸技术，并开展了广泛的研究。我国从1991年开始已相继开发设计出了单锅体真空油炸设备和双锅交替式真空油炸设备两种，目前又在进行连续式真空油炸技术与设备的研究。真空条件下的加工具有如下特点：

（1）真空可以降低物料中水分的蒸发温度，与常压相比热能消耗相对较小，由于温度低（如油炸温度在90℃左右），可以减少和防止食品物料中维生素热敏性成分的破坏与损失，有利于保持食品的营养成分，避免食品焦化，从而提高产品质量。

（2）真空可以造成低氧的环境。缺氧环境能有效地杀灭嗜氧性细菌和某些有害的微生物，减轻或避免物料及炸油的氧化速度，防止过氧化物的大量产生，提供了防止物料褐变的条件，抑制了物料霉变和细菌污染，有利于延长产品的储存期。

（3）真空可以形成压力差。借助压差的作用，能够加速物料中物质分子的运动和气体扩散，从而提高对物料处理的速度和均匀性。真空状态还缩短了物料浸渍、脱气、脱水的时间，在低温条件下对物料进行脱气操作时，若对物料再施以外压，则可得到组织致密的产品。

采用真空低温油炸技术可以最大限度地保留原料的风味和营养成分,可以有效地防止食用油脂的氧化变质,这就为油炸食品的安全性创造了十分有效的保障。

2.真空油炸脱油机的组成

典型的真空油炸脱油机一般由油炸机与脱油机构成。抽真空系统、油气分离器、冷凝器、电控系统等组成。其中油炸与脱油机构、抽真空系统是设备的核心组成部分。

1-油炸与脱油系统;2-抽真空系统和油气分离系统;

3-冷凝器;4-储油罐;5-电控系统

图 6-3 真空油炸脱油机组

四、影响油炸油果质量的因素

(一)原料淀粉的组成

研究表明,原料淀粉的组成,即直链淀粉与支链淀粉的比例,对油果坯料的油炸膨化率有重大的影响。含支链淀粉高的油果坯油炸膨化后,油果的膨化率较高且脆性较好,而直链淀粉含量高的油果坯油炸膨化后,油果的膨化率相对较低。这是由于支链淀粉分子质量较大，具有较大的空间伸展性，易形成较大的网络空间结构的缘故。

（二）坯料中淀粉的糊化程度

在油果坯料加工过程中，淀粉的糊化程度对油果的膨化度及口感有极大的影响。淀粉的糊化程度高，淀粉呈 α 状态（即淀粉分子呈无定形状态），直链淀粉分子从淀粉中游离出来，支链淀粉分子呈伸展状态，吸收并锁住了大量的水分。在制坯过程中，淀粉分子结合部分水分，形成了含有定形与无定形微晶结构的凝胶。在高温油炸时，淀粉微晶粒中水分急剧汽化膨胀，使坯料膨化成多孔、疏松的结构，从而达到膨化的目的。

但如果淀粉的糊化程度不够，淀粉粒未完全崩解，仍呈现部分 β-晶形结构，油炸时不能充分伸展，致使油果膨化不完全，膨化率下降，且口感生硬、粗糙。

（三）坯料水分的影响

坯料含水量是影响油果油炸膨化的一个至关重要的因素。坯料中水分过低，产品油炸时无足够有效的蒸汽产生，从而使坯料膨化不良并焦化；水分过高，则坯料中水分汽化相对较慢，坯料表面硬化，内部结构致密，无法有效膨化，产品色泽加深。适宜的水分，可以使油果坯在高温油炸时迅速汽化，从而形成多孔的疏松结构。

通常在一定的油炸温度下，随着水分的增加，油果坯料的膨化率会适当地增加，如在油温为 180～190℃时，油果坯料的水分以 8%～11% 为宜。

（四）油炸油的影响

油炸油的质量对油果质量也有较大的影响，不仅影响到油果的品质，还会影响到油果的风味。适合的油炸油使产品的色泽金黄，口感酥脆，香气怡人，但当油的酸值及过氧化物含量较高时，会使油果的色泽加深，口感变差，并产生安全隐患。一般氢化植物油和脱臭的氢化动物油稳定性较好。

（五）辅料的影响

为了使油果具有良好的质地和宜人的口感、风味，需添加一些辅料及添加剂，如食盐、白砂糖、其他种类的淀粉、乳化剂等，这些物质会影响产品的膨化率，如白砂糖、变性淀粉（巴卡）可以提高油果的膨化率，单甘酯则会降低油果的膨化率。

（六）油炸工艺的影响

不同的油炸工艺会对产品品质产生不同的影响，如传统油炸工艺，油渣均混入油中，油炸油易变质，影响产品的口感及安全性；如油水混合油炸工艺，油质新鲜度保持时间稍长，但油温较高，食品的安全性问题并未得到很好的解决；如真空油炸工艺，油炸温度低，产品含油率较低，口感较好，食品的安全性良好，但成本高，大量生产有一定的困难。另外，使用不同的油炸工艺对不同的含水量的坯料，油炸温度与油炸的时间均有不同的要求，应根据实际情况选择适宜的方案。

有学者认为，在淀粉糊化凝胶化的过程中，注入一定量的空气可以改善油炸制品的膨化质量，这是没有依据的。一是制坯工艺上不允许，即便工艺上允许，少量空气的存在会加速油脂的氧化，从而引起制品色香味的变化。

第七章　朝鲜族传统酒酿造技术

第一节　酒及朝鲜族传统酒的概述

一、酒的定义及分类

（一）酒的定义

酒是一种用谷物、水果或其他含有丰富糖分或淀粉的植物，经过发酵、陈酿等方法生产出来的含乙醇的饮料。通常以谷物、果实、蔗糖或其他植物物质和水为原料进行发酵；发酵是指微生物（如酵母菌）将糖转化为酒精和二氧化碳的过程。

（二）酒的种类

酒可以根据原料、制作方法、风味特征和产地等因素分为不同类别。

1.按原料不同分类

（1）葡萄酒

以葡萄为原料制成的酒，主要有红葡萄酒、白葡萄酒和玫瑰葡萄酒等。

（2）啤酒

以大麦为主要原料，添加啤酒花进行发酵制成的酒。

（3）谷物酒

以谷物（如高粱、大米、玉米、大麦、小麦）、蔗糖或马铃薯等为原料，通过蒸馏而成的酒，如白酒、威士忌、伏特加等。

2.按制作方法不同分类

按制作方法分为酿造酒、蒸馏酒、配制酒等。

酿造酒也称发酵酒。所谓酿造酒，就是用含糖或淀粉的原料，经过糖化、发酵、过滤、杀菌后制成的酒，属低度酒。

蒸馏酒系指以含淀粉的原料，经糖化、发酵、蒸馏制成的酒，大多为高度酒。

配制酒又名再制酒。它是用酿造酒或蒸馏酒（或食用酒精）为酒基，加入可食用的辅料或食品添加剂，进行调配、混合或再加工制成的酒。

3.按酒精度不同分类

按酒精含量分为高度酒、中度酒、低度酒等。

高度酒指酒精含量在40%以上的酒类。

中度酒指酒精含量在20%~40%之间的酒类。

低度酒指酒精含量在20%以下的酒类。

二、朝鲜族传统酒及分类

酒是人类饮食生活中的主要饮料之一。世界上无论是东西方国家，还是古代文明与现代文明，饮酒都是生活的一部分。朝鲜族人民长期以来在与大自然进行生存斗争的过程中，饮酒是其生活的一部分。朝鲜族平时很爱喝白酒。但是很多民俗活动，尤其是红白喜事的时候也离不开民俗酒。民俗酒具有独特的民族风味，民俗酒主要是米酒和清酒，属于发酵酒。

朝鲜族传统酒是指利用酒曲将谷物中的淀粉经糖化后，利用酵母发酵酿制而成的酒精饮料。朝鲜族传统酒虽然有白酒、果酒、配制酒等，但人们认为最具有朝鲜族民族特色的酒类是经发酵而得到的米酒和清酒。

（1）米酒

米酒指将大米、糯米、玉米等谷物浸泡、蒸煮、冷却后添加酒曲经过糖化和发酵之后，经过过滤而得到的酒精饮料，其酒色混浊、味道甘甜而得名为浊酒或甘酒。一般酒精度比较低为6%~8%；发酵期短，为7d左右；保质期也短，没经过灭菌处理，其保质期为5~7d。

（2）清酒

清酒指将大米、糯米、小米等谷物浸泡、蒸煮、冷却后添加酒曲行糖化后，加酵母发酵经压榨、过滤、杀菌制作的酒，酒体清澈而得名清酒。酒精度为 12%~16%，属于低度酒。发酵期为 14d 左右，由于经过灭菌处理，所以可以长期保存。

三、朝鲜族饮酒文化

朝鲜族讲究礼节，饮酒也不例外。例如，晚辈不得在长辈面前饮酒。如果长辈坚持让晚辈喝酒，晚辈要双手接过酒杯，转身饮下，并向长辈表示谢意。

朝鲜族非常重视家庭礼仪，自出生到丧亡都有许多礼仪相伴，有生辰礼、婚礼、花甲礼和丧礼等。小孩到生辰周年，过周岁宴，成年男女结婚操办结婚宴，人到 60 岁办花甲宴，人去世要举办丧葬宴。这些宴席按民俗都要摆桌宴请亲朋好友，每当这时候离不开的就是民俗酒。按照传统，结婚宴和花甲宴上宴请亲朋好友的时候宴席用酒是自酿的米酒。花甲寿辰和丧礼上，一般采用清酒。

第二节　朝鲜族传统酒原料及其特性

（一）主要原料

1.大米

传统酒以大米为主要原料。大米按其米粒形状分为两种，一为粳稻型，另一种为籼稻型。

粳稻型米粒较短，一般长宽比为（1∶6）~（1∶8）；籼稻型米粒较细长，长宽比约为 1∶9。朝鲜族传统酒的酿制一般采用粳米，即普通的大米。

大米为酿制米酒和清酒的主要原料，其品质对酒的品质的影响较大。酿酒用的大米蛋白质含量要少，且淀粉含量要高。

2.玉米

玉米是禾本科玉蜀黍属一年生草本植物，别名为玉蜀黍、苞米等。我国东北地区是玉米主产地，其特点是高产、稳产，且耕种比较简单。现在玉米主要用于饲料和淀粉工业，但之前玉米是主要的口粮。玉米籽粒中含有 70%~75%的淀粉，10%左右的蛋白质，4%~5%的脂肪，2%左右的多种维生素。酿酒的基本原料是淀粉，将其糖化之后，经酒精发酵而成美酒。

3.面粉

面粉一般用于酿造改良式米酒的生产或者酒曲的加工。

（二）辅料

1.酒曲

酒曲的品质不仅决定酒的味道和芳香，还决定酒的酒精度。传统酒曲一般用大米、小麦、大麦和绿豆等谷物制成。在经过蒸煮的谷物中，自然接入曲霉的分生孢子，然后在保温情况下，生长出菌丝，即酒曲。此时除了曲霉菌之外，还生长野生酵母和乳酸菌，在这个阶段为曲霉和酵母菌的生长创造有利环境条件尤为重要。产生的淀粉酶会糖化米里面的淀粉，酵母菌可以利用糖进行酒精发酵，我国人民自古以来就用此法来酿酒。

据文献记载，古代酒曲有蓼曲、绿豆曲、米曲等。

2.糖类

糖类用于调酒，有蔗糖、葡萄糖、高果糖浆等，主要起调节酒的甜度，增加嗜好度的作用。

3.水

酿造用水是制品的组成成分，也是酿造过程中一切物料和酶制剂的溶剂，水中的微量无机成分既是发酵微生物的营养成分，又是它们的生长刺激剂，起到很重要的作用。特别是占有制品 80%以上的酿造用水对酒的品质的影响是相当大的。

因此，酿造用水必须达到无色透明、无味无臭、中性或者弱碱性，含有适量的有效成分，不得含有有害微生物和有害成分。

酿造用水必须要除掉铁离子，它直接影响制品的颜色。铁的不同离子状态其颜色不同：溶液里 2 价铁离子为浅绿色，3 价铁离子为黄绿色；生成沉淀时，2 价铁离子为红褐色，3 价铁离子为黄色。所以，要求水中铁离子的含量少于 0.02 ppm。

4.淀粉酶

淀粉酶全称是 1，4-α-D-葡聚糖水解酶，催化淀粉及糖原水解，生成葡萄糖、麦芽糖及含有 α-1，6-糖苷键支链的糊精。现在，通过生物技术生产的淀粉酶具有很高的活性，将谷物中的淀粉转化为葡萄糖的效率高。所以传统酒酿制过程中往往添加酒曲或者全部替代成淀粉酶将淀粉进行糖化。

5.酵母

酵母的正式称呼是酵母菌。酵母菌是一种单细胞真菌，它是一种肉眼看不见的微小单细胞微生物，能将糖发酵成酒精和二氧化碳。其化学反应式如下：

$$C_6H_{12}O_6 \rightarrow 2C_2H_5OH + 2CO_2 \uparrow$$

在酿酒过程中，乙醇被保留下来，而二氧化碳被排放。

6.高岭土

高岭土是一种非金属矿产，是一种以高岭石族黏土矿物为主的黏土和黏土岩。因呈白色而又细腻，又称白云土，因其产自于江西省景德镇高岭村而得名。

高岭土具有一定的粒度，还具有可塑性、结合性、黏性、干燥性、烧结性、悬浮性、可选性，同时还具有吸附性和化学稳定性。不仅用于陶瓷工艺的原料，还可以用作化工和食品工业中的脱色剂。清酒的酿造过程中往往利用高岭土进行脱色。

7.山梨酸钾

山梨酸钾，无色至白色鳞片状结晶或结晶性粉末，无臭味或少有臭味。在空气中不稳定，能被氧化着色，分子量 150.22，有吸湿性，易溶于水、乙醇，其主要用作食品防腐剂，属于酸性防腐剂，配合有机酸使用防腐反应效果提高。以碳酸钾或氢氧化钾和山梨酸为原料制成。

山梨酸（钾）能有效地抑制霉菌，酵母菌和好氧性细菌的活性，从而达到有效延长食品的保存时间，并保持原有食品的风味。人们在选购包装（或罐装）食品时，在配料一项中常常看到"山梨酸"或"山梨酸钾"的字样，其实这是常用的食品添加剂。山梨酸（钾）属酸性防腐剂，在接近中性（pH 值 6.0~6.5）的食品中仍有较好的防腐作用（不适用于乳制品），山梨酸（钾）是国际粮农组织和卫生组织推荐的高效安全的防腐保鲜剂，广泛应用于食品、饮料等工业。

8.乳酸

乳酸学名为 2-羟基丙酸，是一种化合物，分子式是 $C_3H_6O_3$，是一个含有羟基的羧酸，因此是一个 α-羟酸（AHA）。在水溶液中它的羧基释放出一个质子，而产生乳酸根

离子 $CH_3CHOHCOO^-$。在发酵过程中乳酸脱氢酶将丙酮酸转换为左旋乳酸。

乳酸有很强的防腐保鲜功效，在传统酒的酿制中应用，具有调节 pH 值、抑菌、延长保质期、调味、保持食品色泽、提高产品质量等作用。

9.植物滋补材料

当地盛产的五加皮、人参、覆盆子、淫羊藿、红景天、沙参、菊花、五味子、枸杞子、甘草和木瓜等，可用于滋补身体，或者增进酒的风味和功能性。

第三节 传统酒的酿造技术

传统酒主要包括米酒和清酒。按照酿造工艺，米酒和清酒的制造原理基本一致，只不过米酒发酵结束后成品加工工艺有所不同。米酒是将发酵好的酒醪进行粗过滤得到，其酒体比较浑浊，而清酒将酒醪压榨得到酒，再进行离心过滤，获得的酒比较清澈。所以前者叫浊酒，后者叫清酒。米酒的酒精度一般是 6%，清酒的酒精度为 12% 左右。

一、传统米酒酿造工艺

（一）酒曲的制造技术

1.原料
水 400 mL，小麦 2kg，酒曲筐，稻草，布等。

2.酒曲的搅拌
小麦洗净，干燥，粗粉碎，过筛。

粗小麦粉里加入适量的温水搅拌成硬的面团。

3.酒曲的踩踏
酒曲筐里铺好干净的布；

放入粗小麦粉面团；

用布严密地包扎之后用脚后跟踩踏；

小麦面团成形后取出。

4.酒曲的发酵

酒曲发酵房架起大约高度为20cm的架子，表面铺一层干净的稻草，上面放置酒曲。酒曲房的温度应与体温相近的温度。

大约发酵15d，酒曲成熟，再干燥备用。质量好的酒曲表面粗糙，没有异味。

酿酒之前，对酒曲进行清洗，刮去表面附着的霉。

5.酒曲的前处理

粉碎成小颗粒。

选晴天，通风好的地方晒2~3d，去除异味。

前处理一般在酿酒前2~3d做比较好。

（二）酒母的制造技术

酒精发酵之前，先培育好酒母。因为酒母中含有大量酵母菌，它将酒醪中的糖转化成乙醇和二氧化碳。但实际上，酒母的作用不仅仅是将酒醪发酵成米酒，还有一个作用是制造优质的酒醪。米酒的酿造采用的是开放式的自然发酵。

1.优良酒母具有以下条件

（1）进行单纯、多级培养。

（2）为了抑制有害微生物的繁殖，利用乳酸或者柠檬酸降低pH值。保持发酵初期酵母菌数1亿/mL的水平。

酒母的种类包括速酿酒母、高温糖化酒母、连酿酒母、固体酒母等。

2.酒母的制造

（1）参考配方。蒸熟米95kg，酒曲45kg，水155kg。

（2）将大米淘洗，沥水，蒸米，摊凉。

（3）将米饭、酒曲和水均匀混合，在8个容器中均匀地分装，在室温下放置15~20h。经过2d的发酵，将上面的酒醪合在一起，装在容器内继续放置4d。这期间在酒母中大量繁殖无色杆菌、黄杆菌、假单胞菌等醋酸杆菌，使酒母中的醋酸还原成亚醋酸。

（三）传统米酒的发酵

酒母和原料备齐，开始进入酿制米酒的阶段。这个阶段中最重要的是各种酿酒材料的配合比例。

1.一阶段发酵

一阶段发酵所必需的材料有蒸熟米、酒母和水。

在蒸熟米中加入其重量的 150%~180%的水量，进行搅拌。加水量随季节的不同而不同，冬季室温低的时候加入 150%~160%的水量，夏季温度稍微高的时候加入 160%~180%的水量。酒母添加量为蒸熟米量的 2%左右，冬季稍微多一点，夏季稍微少一点。发酵温度维持在 23℃~24℃。

2.二阶段发酵

一阶段发酵经过 24h 之后，要再加入蒸熟米和水，必要时再添加酒曲或者其他发酵剂。

（四）过滤

发酵结束后，将酒醪装入过滤袋，进行压榨得到浑浊的米酒，即浊酒。目前市场上卖的朝鲜族米酒就是这么制成的。

（五）加热及杀菌

压榨后得到的米酒，要经蛇盘式加热器加热到 60℃，维持 5~15min。近来利用板式热交换器，高温短时处理，获得杀菌和酒体增进两种效果。加热杀菌的同时，酒体受到热处理，不仅可以增进风味，还可以变性沉降蛋白质，可以获得比较稳定的酒原液。

（六）灌装及包装

在酒原液中加入适量的水，调节酒精度，同时适量添加糖类（果糖、葡萄糖、麦芽糖浆等）、氨基酸类（谷氨酸、丙氨酸、甘氨酸等）和有机酸类（琥珀酸、柠檬酸等）等调节风味。然后灌装，封盖，杀菌，包装，冷却。

二、工厂化生产传统米酒技术

（一）淘洗米、浸泡米及沥水

淘洗米的目的是除掉大米表面的米糠和掺杂在一起的沙土粒。工厂化生产一般采用淘米机。浸米是为了使大米吸收适量的水分。吸水率计算公式如式7·1所示：

吸水率（%）=[浸泡以后的大米重（kg）/原料的大米重（kg）]×100%（式7·1）

浸米时间一般与大米重量成正比。

沥水以后大米吸水率一般在25%~28%为宜。

（二）米的蒸熟

蒸煮的目的是糊化淀粉，使各种酶更容易地利用。一般利用100℃以上的蒸汽蒸煮40~60min，根据锅炉的性能还可延长20~30min，使蒸米增加的种类到米重的35%~42%。

（三）种曲的制造

所谓的种曲就是制曲的时候所利用的霉菌，其种类有粗制种曲和粉末种曲两种。

制作时基料采用小米或者碎米，接种特定的霉菌繁殖而成，含有很多孢子。

（四）粒曲的制造

粒曲以淀粉为原料，蒸煮后冷却，接入霉菌（种曲），在适宜的环境中繁殖。浊酒和清酒一律用白曲，它与黄曲的不同点是产酸能力强，可以防止酒醅中杂菌的污染。

现在广泛利用的白曲菌是黑曲菌的一种变异株——曲霉属真菌。

酒曲（曲子）：将小麦、燕麦粗粉碎之后加水和面定型，放置在空气中，使空气中的霉菌自然繁殖生成和分泌各种酶，它还可带有野生酵母，所以也可以起到发酵制剂的作用。

（五）酒母的制造

酒母就是酒精发酵酵母的扩大培养，它比酒醅黏稠，酸度高，培养温度低。

酒母拥有大量的健康酵母和酸（酒曲酒母、乳酸、柠檬酸）。

这些酒母中存在的大量酸可以防止酒母及第一阶段发酵中杂菌的污染，也可以防止第二阶段发酵初期由于酵母增殖和酒精产生不充分而产生的杂菌的污染。

为了制造健康的酒母一定要确保酒母室完全与发酵室隔离，严格防止杂菌的污染。如果使用不健康的酒母，会带来腐败。

（六）第一阶段发酵

第一阶段发酵利用酒母、粒曲及水为原料酿制，是酒母制造工艺的第二阶段，阶段性地扩大培养发酵所必要的酵母的工艺。

第一阶段发酵的目的：

1.粒曲分泌的各种酶和酸的浸提。

2.粒曲自身的溶解和糖化。

3.在安全的状态下促进酵母的增值。

第一阶段发酵首先在发酵罐中加入无菌水、酒母及粒曲，搅拌均匀。发酵温度达到22℃~28℃时物料经过发酵时间的推进发生粒曲自身糖化和酵母的大量增殖，从而为第二阶段发酵做好准备。第一阶段发酵开始到第二阶段发酵之前一般需要 5~6d 时间。这期间 1d 需要搅拌 1~2 次。第一阶段发酵最适温度为 27~28℃。

（七）第二阶段发酵

如果只用酒曲，那么这种情况就是第一阶段发酵就是主发酵，如果酒曲以外再加入粒曲或者只用粒曲时，第二阶段发酵就是主发酵。

第二阶段发酵由第一阶段发酵中的物料中再加入无菌水和糖化酶制剂（米曲、精制酵母）及挂米，搅拌均匀后进入主发酵。

第二阶段主发酵的温度与第一阶段大致相同，采用平均温度为 25℃~26℃的低温发酵。发酵开始后约 5h 以后物料充分吸收水分（含有酶浸出液），随之活跃地进行糖化和乙醇发酵。此时物料因溶解、糖化、乙醇发酵体积达到最大，而后稍微回落。

（八）前杀菌

酿制结束之后的生浊酒需要杀灭酵母菌和高温性腐败菌，使之长期保存，一般利用高温瞬间杀菌（H.T.S.T）机一次杀菌之后注入碳酸气体。

（九）灌装（碳酸浊酒）

易拉罐浊酒在易拉罐灌装机上进行；瓶装浊酒在瓶罐生产线上进行，采用耐热、耐压的 PET 瓶子注入后密封包装。

（十）后杀菌

易拉罐或者 PET 瓶子中罐装的制品在一次杀菌以后，在灌装工艺过程中可能受到污染，因此为了杀灭杂菌要在温水槽中进行第二次杀菌。

（十一）包装

杀菌后及时冷却到室温，保持酒的品质。将酒瓶装在外包装箱，进入仓库贮藏，或者直接进入流通市场。

三、传统清酒酿造工艺

传统清酒又叫药酒，跟米酒酿造一样，在蒸熟米饭里加入适量的酒曲和水，装入到容器发酵，利用过滤器将酒液从酒醪中分离出来，获得比较清澈的酒，就叫作清酒。清酒的酿造工艺跟米酒的酿造工艺比较，前面的工艺基本相同，不同点在二阶段发酵和过滤工艺上，所以大米的蒸制、酒曲、酒母的制造，以及第一阶段发酵可以参考米酒的酿造工艺。下面主要介绍清酒的第二阶段发酵以及过滤成熟工艺。

（一）二阶段发酵

清酒发酵时为了提高酒的品味和酒精度，一般在二阶段发酵时添加粒曲或者糖化酶和酵母等。也为了增进酒的功能性和风味，可以添加覆盆子、五味子、甘草等食材或者药材供发酵。由于此法制作难度较大，步骤烦琐，现在较少选用。

（二）过滤

清酒的过滤是保证酒体清澈的关键。不像米酒将酒醪绞碎之后粗滤，而是采用压滤之后，再次离心过滤的方法，获得清澈而透明的酒体。

一般情况下，用大米酿制的清酒品质为酒精度 10%~13%，粗蛋白 1.6%，总酸 0.12%，总糖 1.9%，固形物 3.8%，pH 值 4.5 左右。

第八章　朝鲜族传统饮料加工技术

第一节　饮料及朝鲜族传统饮料的概述

一、饮料的定义及分类

（一）饮料的定义

我国国家标准《饮料通则》（GB/T10789-2015）将饮料定义为，饮品是经过定量包装的，供直接饮用或按一定比例用水冲调或冲泡饮用的，乙醇含量（质量份数）不超过0.5%的制品。饮料也可为饮料浓浆或固体形态。

（二）饮料的分类

饮料可分为包装饮用水、果蔬汁以及饮料、蛋白饮料、碳酸饮料、特殊用途饮料、风味饮料、茶（类）饮料、咖啡（类）饮料、植物饮料、固体饮料、其他类饮料等 11 种。

二、朝鲜族传统饮料及分类

饮料在人们饮食生活当中属于嗜好食品。饮料的加工原料取自大自然，随季节的变换选择当季特色的原料，如花、叶子、果子、水果等制作的各种茶。例如，早春采摘金达莱花放在五味子汤里制作金达莱花茶；到了初夏采摘玫瑰花瓣、樱桃花瓣、桃花瓣等制作玫瑰花茶、樱桃花茶、桃花茶等；到了秋季利用梨、柚子皮制作梨茶、柚子茶等；到了利用大米或各种中药材制作各种茶，如食醯、桂皮生姜柿饼茶等。所以可以认为传统茶是朝鲜族人民在大自然共同生活过程中智慧的结晶。

（一）朝鲜族传统饮料的定义

朝鲜族传统饮料是朝鲜族在饮食生活中经常饮用的饮料的统称，属于嗜好食品，分为含乙醇饮料和不含乙醇饮料。一般含乙醇的饮品称为酒，不含乙醇的饮品叫饮料。

（二）传统饮料的种类

朝鲜族传统饮料可以按以下几种方法分类。根据原料属性的不同分果汁、谷物、茶类、植物提取液等；根据形态不同分为液体饮料、固体饮料；据加工方法的不同分为压榨饮料、提取饮料、调配饮料等；据饮用的品温不同分为热茶和凉茶等。

代表性的朝鲜族传统饮料有食醯、桂皮生姜柿饼茶、大麦茶、五味子凉茶等。

1.食醯

食醯是朝鲜族最喜爱的传统民俗冷饮，其将白米或糯米蒸熟后加入麦芽酵母水经发酵而制成。有些地方还会再加入一点生姜跟白糖，口味有点像是甜的淡酒酿。

2.桂皮生姜柿饼茶

桂皮生姜柿饼茶也是朝鲜族喜欢喝的民俗饮品，饭后热饮该茶有暖身和缓解宿醉的作用。将桂皮和生姜熬煮后，加入蜂蜜或砂糖煮沸；冷却后，放入柿饼丁或松子做点翠，香甜、微辣，色泽红棕。生姜发汗解表，温中止呕可以祛风寒暖肝肾，祛寒散瘀消肿。桂皮对脾胃虚寒所致的胃脘冷痛，有很好的治疗作用，在腹痛腹泻的时候，用桂皮和干姜一起煮汤喝，可以缓解病症。痛经的人也可以用此法来打通经络，减轻疼痛。

3.焙烤型谷物茶

（1）大麦茶

大麦茶是由精选的大麦炒焦而成，属于一种传统的清凉饮品。大麦茶可以清热解暑、温胃，具有健脾消食和胃祛湿的功效。

现代医学表明，大麦茶有助于暖胃，还具有美容养颜的功效。大麦茶可用于食积不化，饮食不调，脾胃虚弱等症状。

（2）玉米茶

东北地区是玉米盛产的地方。玉米是一种高产粮食作物，在世界上有广阔的种植面积。玉米作为一种重要的杂粮，富含营养物质，具有良好的辅助医疗效果。据分析，玉米除赖氨酸含量较低外其他综合营养指标如食用纤维、维生素、矿物质等的含量均不比精米、白面低，特别是维生素 A、维生素 B_2、维生素 B_6、维生素 E 的含量，均较一般谷物高。中医学及传统中草药学认为：玉米具有消渴、利尿、解毒之功效，经常食用，对人体十分有益。

玉米茶是将成熟的玉米炒焦而成，加热水浸泡或者加水煮沸而制作茶汤，其口感甘甜，经济实惠，可以是全家的保健茶，饭前饭后均可以饮用。

（3）荞麦茶

荞麦茶是以荞麦焙烤而制成的茶饮。荞麦分为甜荞和苦荞，苦荞麦富含大量的芸香甙（也被称为 VP 或芦丁）和烟酸（维生素 PP），其含量为普通荞麦的 13.5 倍。

芸香甙可以保持人体内胶原蛋白水平，有美容养颜，减少细纹，健胃排毒，帮助人减轻体重的作用，且可防止老年人"三高"。

常饮荞麦茶具有以下功效：

①净化血液、改善血液循环，降低血压

芸香甙可抑制人体内磷酸二酯酶的活动，避免血小板凝集。它有助于净化血液和改善血液循环。此外，它还有保护血小板脂肪过氧化的功能，能帮助高血压患者稳定血压。

②保护微血管，降低血脂及预防脑中风

芸香甙可抑制脂肪氧合酵素和前列腺素合成酶素的活性，以防止血管变得脆弱，特别是微血管。它同时具有强化血管的功能，可降低瘀伤、筋脉瘤及痔疮的发生率，也可降血压和血脂及预防脑中风。

③预防糖尿病并发症

鞑靼荞麦中同时具有一种特殊化合物六磷酸肌醇（D-chiro-inositol），其能发挥与胰岛素相仿的作用，有效降低血糖。鞑靼荞麦可以防止或抑制醛糖还原酶的活动，有助延迟或预防糖尿病并发症的发生。

④美容养颜，减少细纹

芸香甙可帮助人体吸收并充分利用维生素 C，也可以防止细胞受到自由基的破坏。另外，此成分也可保持体内的胶原蛋白水平以减少皱纹和细纹的产生。

⑤清除体内垃圾，减轻体重

苦荞麦茶所含的可溶性纤维量远高于其他禾谷类作物，其含量是稻米的 4 倍、小麦的 2.7 倍、玉米的 1.1 倍及甜荞的 1.6 倍。膳食纤维的摄取能提供饱足感和减缓消化速度以降低食欲，避免过量进食。因此，它可以帮助减轻体重。此外，它还可以促进肠胃蠕动，帮助疏解便秘的问题，有助清除肠胃内积滞的食物。

⑥预防胆结石，降低胆固醇

荞麦茶的可溶性纤维也可降低胆汁的累积以避免胆结石的形成。美国一项研究显示：摄取大量的膳食纤维可降低患胆结石的概率，以胶质状的葡萄聚糖为主的膳食纤维能减缓人体内的葡萄糖水平在饭后快速上升，有效预防糖尿病。另外，膳食纤维也可帮助人控制胆固醇的水平。

⑦抗肿瘤、抗氧化

芸香甙亦有预防直肠癌、抗氧化、抗发炎、抗突变、抗肿瘤的作用。

第二节　代表性的传统饮料及其生产技术

一、食醯

（一）食醯的定义

食醯是指将糯米或白米蒸熟，加入麦芽粉经发酵而制成的传统饮品，口味甘甜，口感清爽。

（二）食醯的特点或作用

1.增进消化。

2.减肥及醒酒。

3.预防动脉硬化。

4.治疗便秘。

5.预防肠道疾病。

（三）食醋的原料

1.主原料

糯米、大米、黑米等。

2.添加物

（1）果实类：草莓、苹果、梨等。

（2）药材类：枸杞、生姜、人参等。

（四）食醋的配方

食醋的配方，如表 8-1 所示：

表 8-1　食醋的配方

原料	用量	原料	用量
大米	500 g	生/干姜	5 g
麦芽粉	300 g	松籽	10 g
饮用水	5 L	食盐	5 g
白糖/蜂蜜	300 g		

（五）食醋的加工工艺流程

食醋的加工工艺流程，如图 8-1 所示：

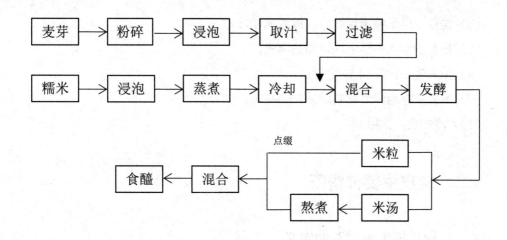

图 8-1　醯的加工工艺流程

（六）食醯加工技术要点

1. 麦芽汁的制备

（1）取麦芽粉 300g，加入 3L 凉水，在室温下浸泡 1h；

（2）充分浸泡的麦芽粉，用手搓一搓，搓出汁；

（3）用纱布榨取麦芽汁；

（4）再加 2L 水，充分搅拌，过滤；

（5）混合两次汁液，静置沉淀，去除沉淀物，备用。

2. 米饭的制备

（1）清洗并浸泡糯米；

（2）控水并做米饭；

（3）摊开米饭并冷却；

3. 食醯的发酵

（1）麦芽汁经过过滤，去除沉淀物，取上清液；

（2）米饭团打碎，获得米饭粒；

（3）加入麦芽汁，混合均匀；

（4）加入白糖（约 100g），混合均匀；

（5）在 55~65℃ 保温，发酵 3~5h；

（6）捞取上浮米粒于保鲜盒，放入冰箱冷却；

（7）剩余的倒入不锈钢锅，加热熬煮；

（8）加入生姜片，加 5g 食盐；

（9）撇去上浮泡沫，熬制成适宜的甜味；

（10）冷却后，饮用。

二、桂皮生姜柿饼茶

（一）桂皮柿生姜饼茶的定义

将桂皮和生姜熬煮后，加入蜂蜜或砂糖煮沸；冷却后，放入柿饼丁或松子做点翠的朝鲜族传统饮料，香甜、微辣、色泽红棕。

桂皮生姜柿饼茶一般在饭后饮用，有清新口气，暖身和缓解宿醉的功效。

（二）桂皮生姜柿饼茶的特点或作用

1.芳香性饮料；

2.健胃作用；

3.促进血液循环；

4.增进食欲；

5.促进消化。

（三）桂皮生姜柿饼茶的原料及特性

1.主原料
（1）桂皮

桂皮又称肉桂，为樟科植物，天竺桂、阴香、细叶香桂、肉桂或川桂等树皮的通称。本品为常用中药，又为食品香料或烹饪调料，是食药同源植物。

天竺桂的树皮含挥发油约 1%，还含水芹烯、丁香油酚和甲基丁香油酚。叶含挥发油约 1%，还含黄樟醚约 60%，丁香油酚约 3% 和 1,8-桉叶素等。细叶香桂的树皮含挥发油约 1%，鞣质约 12.8%。叶子含挥发油约 1%。种子含脂肪油约 40%。

桂皮中所含桂皮醛、丁香油酚的药理见肉桂及丁香条。

一种品种未注明的桂皮在试管内对许兰氏黄癣菌及其蒙古变种、共心性毛癣菌等多种致病真菌均有不同程度的抑制作用，水浸剂比煎剂作用强，醚及醇浸出液比水浸剂作用强。故其有效成分可能是挥发油类，是否是丁香油酚未见报道。

桂皮具有如下食疗作用：

桂皮味辛甘、性热，入肾、脾、膀胱经，有补元阳，暖脾胃，除积冷，通脉止痛和止泻的功效。

主治命门火衰、肢冷脉微、亡阳虚脱、腹痛泄泻、寒疝、腰膝冷痛、阴疽流注、虚阳浮越的上热下寒等症。

①温肾壮阳：用于肾阳不足的畏寒、肢冷、腰膝冷痛，亦可用于肾不纳气的虚喘、气逆。

②温中祛寒：用于脾胃虚寒的冷痛，以及腹痛腹泻，常与干姜、附子同用。

③温经止痛：能温通血脉、散寒止痛，用于寒凝气滞引起的痛经、肢体疼痛。

（2）生姜

生姜指姜属植物的块根茎，性温，其特有的"姜辣素"能刺激胃肠黏膜，使胃肠道充血，提高消化能力，能有效地治疗吃寒凉食物过多而引起的腹胀、腹痛、腹泻、呕吐等。

可食用部分约 95%。每 100g 中含能量 172KJ，水分 87g、蛋白质 1.3g、脂肪 0.6g、膳食纤维 2.7g、碳水化合物 7.6g、胡萝卜素 170μg、视黄醇当量 28μg、硫胺素 0.02mg、核黄素 0.03mg、尼克酸 0.8mg、维生素 C4mg、钾 295mg、钠 14.9mg、钙 27mg、镁 44mg、铁 1.4mg、锰 320mg、锌 0.34mg、钢 0.14mg、磷 25mg、硒 0.56μg，还有促进消化液分泌的姜辣素等成分，以及含有辛辣和芳香成分。辛辣成分为一种芳香性挥发油脂中的"姜油酮"，其中主要为姜油萜、水茴香、樟脑萜、姜酚、桉叶油精、淀粉、黏液等。

挥发油主要成分为姜醇、姜烯、水芹烯、柠檬醛、芳樟醇等；又含辣味成分姜辣素，分解生成姜酮、姜烯酮等。此外，还含天门冬素、谷氨酸、天门冬氨酸、丝氨酸、甘氨酸、苏氨酸、丙氨酸等。

口嚼生姜，可引起血压升高。姜辣素对口腔和胃黏膜有刺激作用，能促进消化液分泌，增进食欲。可使肠张力、节律和蠕动增加，有末梢性镇吐作用。有效成分为姜酮和姜烯酮的混合物。对呼吸和血管运动中枢有兴奋作用，能促进血液循环。体外实验发现，生姜对伤寒杆菌、霍乱弧菌有明显的抑制作用。

吃过生姜后，人会有身体发热的感觉，这是因为它能使血管扩张，血液循环加快，促使身上的毛孔张开，这样不但能把多余的热带走，同时还把体内的病菌、寒气一同带出。当身体吃了寒凉之物，受了雨淋或在空调房间里待久后，吃生姜就能及时消除因机体寒重造成的各种不适。

生姜还用于脾胃虚寒，食欲减退，恶心呕吐，或痰饮呕吐，胃气不和的呕吐；风寒或寒痰咳嗽；感冒风寒，恶风发热，鼻塞头痛。

（3）花椒

花椒是芸香科花椒属落叶小乔木，高可达 7m。其果皮可作为调味料，并可提取芳香油，又可入药，种子（果实）可食用。果紫红色，单个分果瓣径 4~5mm，散生微凸起的油点，顶端有甚短的芒尖或无；种子长 3.5~4.5mm。花期 4~5 月，果期 8~9 月或 10 月。

通常人们说的花椒就是花椒果实，有温通、温热、散寒、醒脾的作用。花椒是温热性质的中药，是常用的药食两用的食物。花椒性温，味辛，具有温通、温热的作用，温能散寒，辛能通达四末。花椒药食两用，在食疗上，花椒常用来调节食物的香气，具有醒脾的作用，刺激食欲，改善脾胃功能，适合胃肠道虚寒的患者食用。药用上，花椒具有温通、温热、散寒的作用，常用于治疗寒凝血瘀等下焦的寒性疾病。

（4）红（白）糖

根据中华人民共和国轻工行业标准《红糖》（QB/T 4561-2022），红糖是指以甘蔗为原料，经提汁，澄清，煮炼，采用石灰法工艺制炼而成。按照理化性能分为一级和二级两个级别，因没有经过高度精炼，几乎保留了蔗汁中的全部成分，除了总糖分≥85%外，还含有维生素和微量元素，如铁、锌、锰、铬等，其营养成分比食糖〔根据国家标准《食糖卫生标准》（GB13104-2022），赤砂糖属于食糖不属于红糖〕高很多。

红糖味甘，性温。能补中缓急，和血行瘀。红糖可用于脾胃虚弱，腹痛呕哕；妇女产后恶露不尽。以沸水、药汁溶化或煎汤饮，或入糕点糖果。

2.辅料

（1）柿饼

柿饼，中药名。为柿科植物柿的果实经加工而成的饼状食品，有白柿、乌柿两种。主要功能为润肺，涩肠，止血等。

可生食，也可煎汤或烧存性入散剂，脾胃虚寒，痰湿内盛者不宜食。

（2）松子

松子为名贵树种红松的种子。可食用。

松子既是美味食物，又是食疗佳品，松子仁含有 100 多种对人体有益的成分，具有极高的营养保健功能，故有"长生果"的美誉。

①健脑益智

松子仁含有丰富的磷脂、不饱和脂肪酸、多种维生素和矿物质，具有促进细胞发育、损伤修复的功能，它是儿童、青少年和中老年人补脑健脑的保健佳品。

②抗衰延寿

松子仁含有丰富的维生素 E，能抑制细胞内和细胞膜上的脂质过氧化作用，保护细胞免受自由基的损害，并使细胞内许多很重要的酶保持正常的功能，因此松子仁具有抗衰延寿的作用。

③润肤美颜

松子仁中含有丰富的"美容酸"——亚油酸和亚麻酸，这两种酸可滋润皮肤和增加皮肤弹性，推迟皮肤的衰老。此外，亚麻酸中含有丰富的维生素 E，能减少"自由基"对细胞许多重要成分的改变和破坏，推迟细胞衰老，减少和防止脂褐质的产生和沉积，促进激素的分泌。因此，松子仁具有润肤美颜的作用。

④预防心血管疾病

松子仁含有亚油酸和亚麻酸等多种不饱和脂肪酸，可调整和降低血脂，软化血管和防治动脉粥样硬化，也可减少血小板的凝集和增加抗凝作用，并能降低血脂和血液黏稠度，预防血栓形成。

⑤润肠通便

松子仁含有丰富的脂肪、棕榈碱、挥发油等，因而能润滑大肠而通便、缓泄而不伤正气，尤其适用于年老体弱、产后病后的润肠通便。

（四）桂皮生姜柿饼茶的加工技术要点

1.清洗原料。桂皮、胡椒、生姜分别洗净，控水。

2.加入适量水，锅中熬煮 30~60min。

3.按 1∶1∶1 比例混合提取液，加热煮沸，冷却。

4.饮用时，按个人喜好放入松子和柿饼块。

参考文献

[1]CHEIGH H S .Kimchi：Processing and preservation[M].Seoul Korea：Hyoil Pu blishing Co，2005.

[2]CHEIGH H S.Kimchi fermentation and food science[M].Seoul Korea：Hyoil Pu blishing Co，2005.

[3]CHO J S.Research in Kimchi[M].Seoul Korea：Yulim Publishing Co，2005.

[4]金清.朝鲜族传统发酵食品的营养保健功能[J].延边大学农学学报,2004,26（3）：208-212.

[5]沈弘洋，邓微，赵云珠，等.传统大豆酱不同发酵阶段微生物多样性变化[J].食品与发酵工业，2001（23）：118-124.

[6]INAMDAR A A，MORATH S，BENNETT J W. Fungal Volatile Organic Co mpounds:More Than Just a Funky Smell?[J].Annual Review of Microbiology，2020，74（1）：101-116.

[7]武俊瑞，王晓蕊，唐筱扬，等.辽宁传统发酵豆酱中乳酸菌及酵母菌分离鉴定[J].食品科学，2015，36（9）：78-83.

[8]JEONG D W，LEE H，JEONG K，et al. Effects of Starter Candidates and N aCl on the Production of Volatile Compounds during Soybean Fermentation[J].Journal of microbiology and biotechnology，2019，29（2）：191-199.